GAP入门导引

徐尚进　编著

本书得到国家自然科学基金（项目号：10961004，11361006）、
广西自然科学基金（项目号：2013GXNSFAA019018）和
广西大学中西部高校提升综合实力计划项目资助

科 学 出 版 社
北 京

内 容 简 介

GAP 是一套计算离散代数的软件系统，主要用于计算有关群、环、域、向量空间和组合结构等方面的问题. GAP 有自己的语言体系，这会给初学者，特别是计算机基础一般的用户带来困难，所以本书着重辅导初学 GAP 的用户入门. 本书深入浅出，举一反三，方便读者阅读. 本书共分 7 章，分别介绍 GAP 的安装和启动、数据类型、函数、编程、实例，以及在 Nauty 中的一些应用等.

本书可作为相关的科技工作者、研究生学习和运用 GAP 的参考书.

图书在版编目（CIP）数据

GAP 入门导引/徐尚进编著. —北京：科学出版社，2014.3
ISBN 978-7-03-039929-8

Ⅰ. ①G… Ⅱ. ①徐… Ⅲ. ①数学-应用软件 Ⅳ. ①O245

中国版本图书馆 CIP 数据核字(2014) 第 038264 号

责任编辑：陈玉琢／责任校对：包志虹
责任印制：徐晓晨／封面设计：王 浩

科学出版社出版
北京东黄城根北街 16 号
邮政编码：100717
http://www.sciencep.com

北京科印技术咨询服务公司 印刷

科学出版社发行 各地新华书店经销

*

2014 年 3 月第 一 版 开本：720 × 1000 1/16
2018 年 5 月第七次印刷 印张：7 1/4
字数：134 000

定价：45.00 元

（如有印装质量问题，我社负责调换）

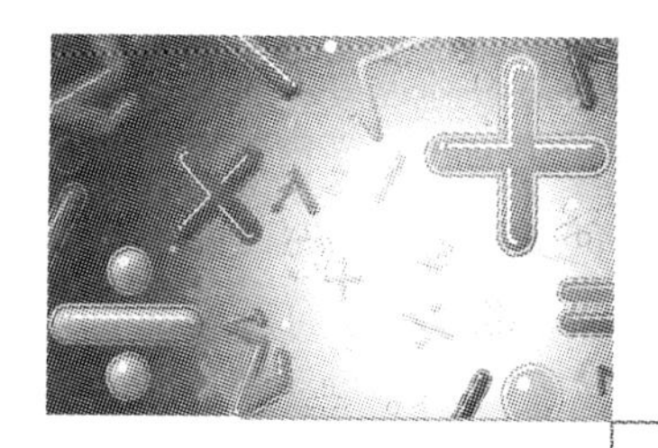

序

GAP 是 “Groups, Algorithms and Programming” 的缩写，它是由德国 Aachen 大学的 Joachim Neubüser 教授在 20 世纪 80 年代开始研究开发的一个计算离散代数的系统，主要用于研究群及其表示，包括环、向量空间、代数和组合结构等，特别对研究置换群尤为有效. 1986 年 **GAP** 正式发行. 第一次公开发行的是 **GAP** 2.4 版，在本书定稿时的最新版本是 **GAP** 4.6.5 版，它是 2013 年 7 月 20 日发布的.

其实 **GAP** 自 1988 年就引入我国了. 当时，我由于要用 **GAP** 进行有限 p 群的计算工作，给 Neubüser 教授写信希望他能给我一份 **GAP**，他马上写来了热情洋溢的信，不但免费寄给我一份 **GAP**，还授权我只要有中国人要，我都可以给他，条件只有一个，即在使用 **GAP** 写成的论文中要声明一下. 并且说了句笑话，没有人为使用了 Sylow 定理而向 Sylow 付钱，为什么使用 GAP 要向我付钱呢？(注意，当时还没有互联网，在有了互联网后，最新版本的 GAP 可以从它的官网上随意下载.)

如今几十年过去了，但 **GAP** 在国内用得还不够理想，国内许多的代数学者没有用过 **GAP**，甚至还不知道 **GAP**，这在计算机技术和条件飞速发展的今天是很可惜的事. 1989 年我在西安召开的全国代数会上发言时强调应普及代数运算软件包的使用 (当时除 **GAP** 外还有澳大利亚悉尼大学 John Cannon 领导开发的 CAYLEY，即现在的 Magma 的前身)，并表示愿意在北京大学组织讲习班. 但由于多种原因，譬如没有一本良好的中文参考书或指导书，一直未能实现. 直到 22 年以后，在国家自然科学基金的资助下，山西师范大学才成功举办了计算群论讲习班，向国内代数学者和研究生讲述 Magma 和 **GAP** 的使用方法，而本书作者徐尚进就是在讲习班上主讲 **GAP** 的学者，本书就是由他在讲习班上的讲稿增补而成的.

徐尚进是我在北京大学的博士研究生，他的计算机应用能力很强，他从 1997 年开始就研究并运用 **GAP**，受益匪浅！他的博士论文成功地确定了所有有限单群连通 3 度对称 Cayley 图的自同构群，得到了国内外学者的好评. 特别是他发现了交错群 A_{47} 恰有两个非正规的连通 3 度 5 弧传递 Cayley 图，这个发现就是通过 **GAP** 的帮助才得以完成的.

目前国内 **GAP** 用得比较好的单位还是有几家，比如北京大学、北京交通大学、广西大学和山西师范大学等. 但它在国内的普及还很不够. 我希望，也相信《**GAP** 入门导引》的出版对推动 **GAP** 在国内的普及和运用将会起到重要的作用.

徐明曜
2013 年 11 月 28 日
北京大学数学科学学院

目　录

第 1 章 绪论

CHAPTER 1

正如书名所指, 本书意在引导初学 **GAP** 的用户入门. 由于作者运用 **GAP** 十多年, 体会和获益良多, 所以全书贯穿着作者的学用心得, 并提供了大量的例子. 然而 **GAP** 的内容实在太丰富了! 而本书所介绍的, 也只是作者相对熟悉的部分, 是 **GAP** 冰山的一角! 总之, 作者期望本书能辅导读者自己去更深、更广地学好用好 **GAP** .

"**GAP** " 这三个字母依次表示群 (groups)、算法 (algorithms) 和编程 (programming). 但 **GAP** 也涉及有关半群、代数等代数结构的算法和程序.

GAP 的软件系统是可扩展的, 它支持面向对象的编程, 用户可以使用 **GAP** 语言编写自己的程序和建立自己的函数库. **GAP** 本身就有强大的函数库, 可以实现更多的代数和其他算法. 由于这些库函数也完全由 **GAP** 语言编写, 所以用户可以很容易地考察和更新库函数的算法. 甚至还可以添加新函数到函数库, 不仅供自己使用, 也可以提供给所有的 **GAP** 用户使用.

GAP 发展的几个阶段:

GAP 2.4 于 1988 年发布;

GAP 3.1 于 1992 年发布;

GAP 3.4 于 1994 年发布;

GAP 4.1 于 1999 年发布.

值得一提的是, **GAP** 4.1 软件系统的内部被重新设计并几乎重写, 所以 **GAP** 3.x 版本的许多语句和函数已经不适用于 **GAP** 4.x 版本, 或者是运用的格式不同.

本书主要针对 **GAP** 4.4 版本进行介绍.

本书的写作得到了作者的博士生导师徐明曜教授的关心和鼓励, 作者最早使用的 **GAP** 3.4 版本也是徐明曜教授 1997 年提供的, 在此表示衷心感谢! 本书还作为 2011 年 8 月山西师范大学计算群论讲习班的主要参考书, 在此也向该讲习班表示衷心感谢!

由于作者水平有限, 书中错误和不足一定不少, 所介绍的方法也不完全是最好的, 所以诚挚欢迎广大读者批评指正!

本书得到国家自然科学基金 (项目号：10961004, 11361006)、广西自然科学基金 (项目号: 2013GXNSFAA019018) 和广西大学中西部高校提升综合实力计划项目资助, 在此鸣谢!

第2章

CHAPTER 2

安装与运行

GAP 的安装环境可以是 Windows 7, Vista, XP, Win2003, Win2000 等所有 Windows 操作系统, 硬盘剩余空间 ≥500M.

本书所介绍的安装与运行环境就以 Windows XP 操作系统为例.

第1节　安　　装

一、 系统导入

将 **GAP** 软件系统的全部文件直接拷贝到个人电脑的某个文件夹下, 比如 "D:\GAP4.4" (这个文件夹不宜用汉字命名).

注　**GAP** 软件系统可从 **GAP** 主页下载: http://www.gap-system.org.

GAP 软件系统由若干个文件夹组成, 比如文件夹 "\bin" 包含命令文件, 文件夹 "\doc" 包含说明文档.

二、 建立运行图标 (即 "命令提示符")

1. 建立 DOS 命令窗

由于 **GAP** 4.4 需要依托 DOS 操作系统才能运行, 所以可通过 Windows 操作系统的 DOS 命令窗来启动 **GAP** .

为此, 先建立 DOS 命令窗. 具体做法是: 点击屏幕左下方**"开始"**, 然后依次选择**"程序 ▶"**→ **"附件 ▶"**, 就可看到**"命令提示符"**.

点击**"命令提示符"**即可打开 DOS 命令窗. 当然最好是在桌面上建立 DOS 命令窗的图标, 即将鼠标移至**"命令提示符"**, 然后点击右键, 选择**"发送到 ▶"**, 点击出现的**“桌面快捷方式”**, 即在桌面上建立了 DOS 命令窗的图标.

2. 建立直接启动 **GAP** 的图标 (推荐)

在 **GAP** 软件系统所在的文件夹内, 有一个文件夹 “\bin” 包含了启动 **GAP** 的批处理文件: gap.bat:

⟨GAP 软件系统所在的文件夹⟩\bin\gap.bat

比如:

D:\GAP4.4\bin\gap.bat

可在文件夹内将鼠标移至上述启动文件 (gap.bat), 然后点击右键, 选择**“发送到 ▸”**, 再点击出现的**“桌面快捷方式”**, 即在桌面上建立了直接启动 **GAP** 的图标 (一劳永逸).

注 语句或命令中, 凡用 ⟨···⟩ 括起来的部分为必选项, 凡用 [···] 括起来的部分为可选项, 凡用 “/” 分隔的项表示可选其一.

三、 建立自己的 GAP 工作文件夹

用户应先建立自己的 **GAP** 工作文件夹, 比如 “D:\GAP”, 用于存放今后自己编写的 **GAP** 程序, 以及运行 **GAP** 所得到的结果等.

建立自己的 **GAP** 工作文件夹可直接用 Windows 操作系统的**“新建文件夹”**命令来完成.

四、 进入自己的 GAP 工作文件夹

启动 **GAP** 需要先进入一个文件夹 (称**“当前文件夹”**), 这个文件夹最好采用自己的 **GAP** 工作文件夹.

1. 用 DOS 命令

打开 DOS 命令窗后输入如下命令 (每次):

⟨盘符⟩:

CD \⟨文件夹⟩

比如:

D:

CD\GAP

回车后即可进入指定文件夹.

注 (1) DOS 命令窗的提示符是:

〈当前文件夹〉>

比如：

D:\GAP>

在 D 盘 \GAP 文件夹下.

(2) DOS 命令中的字母不区分大小写.

(3) DOS 命令以行为单位, 并需要按回车键 (即 “Enter” 键) 才会执行.

2. 修改 DOS 命令窗的属性

将鼠标移至 DOS 命令窗 (即 “命令提示符”) 的图标, 然后点击右键, 选择**“属性”**, 点击后出现 “属性” 窗, 在**“快捷方式”**菜单中**“起始位置”**的内容修改为 “〈自己的工作文件夹〉”. 比如 “D:\GAP”. 点击 “确定” 后完成修改. 此后每打开这个 DOS 命令窗都会直接来到自己的 **GAP** 工作文件夹 (一劳永逸).

3. 修改启动 **GAP** 图标的属性 (推荐)

如果用户在桌面建立了直接启动 **GAP** 的图标, 可将鼠标移至该图标, 然后点击右键, 选择**“属性”**, 点击后出现 “属性” 窗, 在**“快捷方式”**菜单中**“起始位置”**的内容修改为 “〈自己的工作文件夹〉”. 比如 “D:\GAP”. 点击 “确定” 后完成修改. 此后每点击这个图标, 就可以在自己的 **GAP** 工作文件夹启动 **GAP** .

注 一旦在自己的 **GAP** 工作文件夹启动 **GAP** , 则运行 **GAP** 过程中所有读取或存储的文件, 都将在这个文件夹中进行.

五、 关闭 DOS 命令窗

如果用户打开了 DOS 命令窗, 需要离开时, 可在 DOS 命令行输入以下命令即可关闭 DOS 命令窗：

EXIT

当然用户也可以用鼠标点击 DOS 命令窗右上角的 “⊠” 将其关闭.

第 2 节 运 行

一、 启动 GAP

1. 打开 DOS 命令窗 (当前文件夹应是自己的工作文件夹), 输入如下命令即可启动 **GAP**

〈GAP 软件系统所在的文件夹〉\bin\gap

比如:

D:\GAP4.4\bin\gap

用户也可以在当前文件夹建立一个扩展名为 *.bat 的批处理文件并写入上述命令. 今后只需运行这个批处理文件即可启动 **GAP** .

注 如果在启动 **GAP** 的命令之后加上参数 "–b", 则启动后将不显示 "**GAP4**" 横幅及一些介绍信息.

2. 点击启动 **GAP** 图标 (推荐)

如果用户在桌面上建立了直接启动 **GAP** 的图标, 则点击该图标即可启动 **GAP** .

3. gap.rc 文件

GAP 每次启动都会先运行当前文件夹的 gap.rc 文件 (如果它存在). 用户可根据需要建立这个文件 (详见第 5 章第 1 节**程序文件**和第 3 节**自定义函数**).

二、 GAP 的命令和语句

GAP 通过执行有关的命令或语句来完成相应的操作, 有以下讲究:

(1) **GAP** 命令或语句按行书写, 命令行的提示符是:

gap>

(2) **GAP** 命令中的**字母严格区分大小写**.

(3) **GAP** 的每个命令以分号 ";" 结尾. 如果该命令有**返回值**, 则执行后将显示这个返回值. 如果以双分号 ";;" 结尾, 则不显示返回值.

例 2.2.1
```
gap> 1+2^2*3;          # 该命令有返回值
13                     # 显示返回值
gap> 1+2^*3;;          # 以双分号";;"结尾则不显示返回值
gap>
```

三、 GAP 命令行常用编辑键

Ctrl+A: 光标至行首;

Ctrl+E: 光标至行尾;

Ctrl+K: 删至行尾;

Ctrl+X: 删整行;

Ctrl+T: 当前字符与前一个字符交换;

↑: 重复上一个命令行. 连续使用可由近至远依次重复刚才执行过的行;

↓: 与“↑”键配合使用,“↑”键由近至远向前重复, 而“↓”键则反向重复.

四、 退出 GAP

在 **GAP** 命令行输入以下命令即可退出 **GAP**:

QUIT; (全大写) 或 quit; (全小写)

第 3 节 帮 助

GAP 有非常强大完善的帮助系统.

一、 获取 GAP 使用手册

在 **GAP** 软件系统所在的文件夹内, 有一个文件夹“\doc\ref”存放有《GAP 使用手册》(文件名:manual.pdf). 打开后可阅读和打印 (英文版, 九百多页). 该目录还包含了所有生成《GAP 使用手册》(manual.pdf) 的 tex 格式的文件.

比如双击“D:\GAP4.4\doc\ref\manual.pdf”可打开《GAP 使用手册》.

二、 Web 浏览器方式

在 **GAP** 软件系统所在的文件夹内, 有一个文件夹“\doc\htm”包含了所有 html 格式的说明文档, 可通过 Web 浏览器查阅. 引导文件是: index.htm, 打开它就可以链接调用全部说明文档.

比如双击“D:\GAP4.4\doc\htm\index.htm”可打开 *GAP 4 Manual* 的首页.

也可在文件夹内将鼠标移至上述引导文件 (index.htm), 然后点击右键, 选择**“发送到 ►”**, 再点击出现的**“桌面快捷方式”**, 即在桌面上建立了浏览《GAP 使用手册》的图标 (一劳永逸).

Web 浏览方式下的《GAP 使用手册》有完善的链接系统和强大的索引功能. 其首页为

GAP 4 Manual.

This is an HTML version of the manual for GAP 4.

1. Tutorial
2. Reference Manual
3. Programming Tutorial
4. Programming Reference Manual

5. New Features for Developers

Full index covering all five manuals GAP Home page

注 最后一行分别链接到《GAP 使用手册》按字母索引页面和 **GAP** 网站的主页.

三、 GAP 在线帮助方式

GAP 在线帮助方式方便用户在 **GAP** 环境下直接查询或回忆不太熟悉的 **GAP** 命令和函数.

gap> ?[控制符/主题]

单问号显示指定的帮助 (不加分号结尾, 主题字母不区分大小写).

1. gap> ?

从头显示帮助.

2. gap> ? >

显示下一节.

3. gap> ? <

显示上一节.

4. gap> ? <<

显示当前章的第一节. 如果已在本章第一节, 则显示上一章的第一节.

5. gap> ? >>

显示下一章的第一节.

6. gap> ? –

GAP 会记住用户最近读过的章节. 连续使用上述命令可由近至远依次回溯用户刚才读过的章节.

7. gap> ? +

与 "? –" 配合使用, 即 "? –" 由近至远向前回溯, 而 "? +" 则反向回溯.

8. gap> ? [主题]

根据主题显示特定的帮助.

注 (1) 如果没查到与用户的主题匹配的帮助条目, 则显示:

Help: no matching entry found (没有找到匹配的帮助条件)

(2) 如果只查到一个帮助条目与你的主题匹配, 则直接显示该主题的详细说明.

(3) 如果查到的帮助条目有多个与你的主题匹配, 则显示这些条目, 并加上序号. 这时你可以用 “?[序号]” 来显示该条目的详细说明.

例 2.3.1　gap> ? sets.

```
Help: several entries match this topic - type ?2 to get match [2]
[1] Tutorial: Sets
[2] Reference: Sets
[3] Reference: sets
[4] Reference: Sets of Subgroups
[5] Reference: setstabilizer
```

显示所有以 “sets” 打头的帮助条目. 这时用 “?2” 可显示第 2 个帮助条目的详细说明.

9. gap> ??[主题]

双问号显示所有以主题字母为子字符串的帮助条目. 这时用户仍可以用 “?[序号]” 来显示该条目的详细说明.

第 4 节　常见语法错误

初学 **GAP** 时难免会犯一些错误, 初学者应该谨慎小心.

出现的错误通常分为两类: 一类是**语法错误**; 另一类是**逻辑错误**. 语法错误是用户未按语法规则书写命令和语句所犯的错误. **GAP** 通常会指出语法错误所在, 所以语法错误比较容易被发现和排除; 逻辑错误主要出现在编程 (详见第 5 章第 4 节**常见逻辑错误**), 是用户编程时所犯的思路和算法方面的错误, **GAP** 通常不会指出逻辑错误所在, 甚至程序往往能 “正常” 运行, 只是结果出错, 所以逻辑错误不容易被发现和排除.

以下列举部分常见的语法错误.

1. 语句缺分号结尾

GAP 语句要求以分号结尾. 若缺了分号, **GAP** 往往会把下一个语句并过来, 导致错误.

例 2.4.1　gap> a:=10, b:=20;

```
Syntax error: ; expected
```

```
a:=10, b:=20;
      ∧
20
```

2. 大小写错误

GAP 语言中的字母严格区分大小写, 只要有一个字母的大小书写不对就会导致语法错误.

例 2.4.2
```
gap> print( "1234abcd\n" );   # 首字母"p"未大写
Variable: 'print' must have a value   # 出错! "print" 被GAP当作
                                        新变量而要求赋值
```

3. 文件名未用双引号

GAP 的字符型数据 (比如**文件名**等) 要用双引号包括. 如果是单个字符则要用单引号包括 (详见第 3 章第 1 节**数据类型与常量**).

4. 漏写乘法运算符"*"

GAP 语言中两数相乘运算符为"*", 不能省略! 比如 a 乘 b 要写成 $a*b$, 而 $(1,2)(2,3)$ 要写成 $(1,2)*(2,3)$, 等等.

5. 结构语句出错

结构语句主要出现在编程的时候 (参见"编程"的有关章节). **GAP** 的**选择结构**, 即"if ··· fi"和**循环结构**, 即"for/while ··· od", 分别由语句"fi"和"od"结尾. 用户往往容易漏掉这些结尾而导致出错.

6. 数据的类型错误

GAP 有不同的数据类型, 而 **GAP** 有的语句只针对指定的数据类型. 数据类型不匹配就会导致出错.

CHAPTER 3

第3章 数　据

GAP 有自己的**操作语言**, 它由命令和函数按一定语法规则构成, 而语言操作的**对象是数据**.

第 1 节　数据类型与常量

一、 GAP 的数据类型(数值型、字符型和逻辑型)

1. 数值型数据是写成十进制的数, 既有大小之分, 也有正负之分

注　(1) 数值型数据有 "+" (加), "−" (减), "∗" (乘), "/" (除) **四则运算**, 还有 "mod" (模) 和 "∧" (幂) 运算, 此外还有 ">" (大于), ">=" (大于等于), "<" (小于), "<=" (小于等于) 和 "<>" (不等于) 等**比较**运算.

(2) **GAP** 的数值型数据通常以整数呈现. 即使做了不能整除的除法运算, 其值也用既约分数表示而不用小数表示.

例 3.1.1　gap> 1+2-3;

```
0
gap> 1+2*3;
7
gap> (1+2)*3;
9
gap> 10/5;
2
gap> 5/10;
```

```
1/2
```

例 3.1.2 gap> 10 mod 3;

```
1
gap> -10 mod 3;
2
gap> 2^3;
8
```

2. 字符型数据有字符串和单个字符两种

(1) 字符串是由双引号括起来的部分, 比如 "abcd1234";

(2) 单个字符由单引号括起来的部分 (只能括一个字符), 比如 'a', 'n' (换行符).

字符型数据之间没有大小之分, 但**按字典序**有先后之分, 因此可以有 ">" (大于) 和 "<" (小于) 等**比较**运算.

3. 逻辑型数据只有两个值, 即 "true" (真) 和 "false" (伪), 用来表示 "比较" 运算和 "判断" 后的结果

注 逻辑型数据有 "and" (与), "or" (或), "not" (否) 运算. 前两个是**二元**运算, 最后一个是**一元**运算. 具体的逻辑运算法则如下:

"and"	true	false
true	true	false
false	false	false

"or"	true	false
true	true	true
false	true	false

"not"	true	false
	false	true

例 3.1.3 gap> 2>1;

```
true
gap> 2=1;
false
```

例 3.1.4 gap> 1>2 or 1<2;

```
true
gap> 1>2 and 1<2;
false
gap> not 1>2;
true
```

例 3.1.5 gap> "2" > "100" ;

```
true
```

```
gap> “a” =‘a’;
false
gap> S:=[‘a’, ‘b’, ‘c’];
 “abc”
gap> S= “abc” ;
true
```

二、 常量 (constants)

常量是指取定了上述某种数据类型的值, 比如 100, −5, “abcd1234”, ‘a’, true 等都是常量

特殊常量: GAP 会记住最近三次的计算值, 用 “last” 表示:

last: 最近一次计算值.

last2: 倒数第二次计算值;

last3: 倒数第三次计算值.

例 3.1.6 `gap> 2-1; 1+1; 1+2;`

```
1
2
3
gap> last3;
1
gap> last2;
3
gap> last;
3
```

第 2 节　变量与表达式

一、 变量 (variable)

变量其实是被计算机分配的一些**存储单元**, 可以反复存放或更新不同类型的数据. 由于在高级语言 (比如 **GAP**) 中变量通过**变量名**访问, 所以用户只需定义和操作变量名就可以了.

二、 变量名

变量名必须由字母或下划线开头, 后边可跟字母、数字或下划线.

注 (1) 变量名不能与 **GAP** 的保留字相同. **GAP** 的保留字主要有

and	do	elif	else	end	fi	for
function	if	in	local	mod	not	od
or	repeat	return	then	until	while	quit
QUIT	break	rec	continue			

(2) 变量在命名的同时通常也赋予了值 (详见 "变量的赋值");

(3) 变量有**全程变量 (global variable)** 与**局部变量 (local variable)** 之分. 全程变量一经定义, 在退出 **GAP** 前均有效; 局部变量则只在定义它的函数内有效 (详见第 5 章第 3 节自定义函数). 本章涉及的变量都是全程变量.

例 3.2.1 abc, abc1, a1_d, _abc 都是合法的变量名.
1abc, ab+c, ab c, and, not 都是不合法的变量名.

三、 表达式 (expression)

表达式是由相同数据类型的常量、变量、函数、圆括号和运算符等组成.

注 (1) 表达式写在一行上. 没有分式, 也没有上下标, 更没有根式. 用户可以通过相应的运算符或函数来实现分式、开方和根式等复杂运算.

(2) 表达式的运算法则与数学中的规则一样从左到右进行, 有括号的先算括号内的子表达式; 有多层括号的则先算最里层; 同一层括号内, 是先乘除, 再加减.

(3) 单个常量 (变量或函数) 也是合法的表达式.

例 3.2.2 $\dfrac{-b+\sqrt{b^2-4ac}}{2a}$ 的 **GAP** 表达式是

```
(-b+Sqrt(b^2-4*a*c))/(2*a)
```

四、 变量的赋值

变量通过**赋值**运算符 ":=" 同时命名和取值, 格式如下:

⟨变量名⟩ := ⟨表达式⟩;

例 3.2.3 求一元二次方程 $4x^2+4x+1$ 的一个根.

```
gap> a:=4; b:=4; c:=1;
4
```

```
4
1
gap> x:=(-b+Sqrt(b^2-4*a*c))/(2*a);
-1/2
```

例 3.2.4 gap> n:=1; m:=n+1;

```
1
2
gap> n:=n+1; n:=-n;
2
-2
gap> n=m-4;
true
```

注 GAP 的所有变量在执行的时候都必须赋值!

值得一提的是, **GAP** 不支持**符号运算!**

第 3 节 函　　数

GAP 的**函数 (function)** 是实现一定操作或运算的子程序. 函数在调用时有的需要提供参数 (即数学意义的**自变量**), 调用后有的也通常会有一个返回值 (即数学意义的**函数值**).

函数的**调用 (calling)**:

⟨函数名⟩ ([⟨参数 1⟩, ⟨参数 2⟩, ⋯]);

例 3.3.1 gap> Sqrt(4); # 求平方根, 其中 "4" 是**参数**

```
2                          # "2"是调用函数后的返回值
gap> IsPrime(7);           # 是否素数? 其中"7"是参数
true                       # "true"是调用函数后的返回值
```

函数也可以由用户根据需要自己定义 (详见第 5 章第 3 节**自定义函数**). 最简单的一元 (一个参数) 自定义函数可参照如下格式 (一行内完成):

⟨函数名⟩ := ⟨参数变量⟩ −> ⟨返回值⟩

注 这里的**返回值**通常是与**参数变量**有关的一个**表达式**.

例 3.3.2 定义一个名为 "Cubic" 的求立方函数.

```
gap> Cubic:=x ->x^3;;        # 一行内完成定义
```

```
gap> IsFunction(Cubic);      # 是否函数
true
gap> Cubic(2/3);             # 用参数2/3调用
8/27
```

例 3.3.3 定义一个名为 "IsInvolution" 的判断是否 2 阶元的函数.

```
gap> IsInvolution:= x -> Order(x)=2;; # 一行内完成定义
gap> IsFunction(IsInvolution);        # 是否函数
true
gap> IsInvolution((1,2));             # 用参数(1,2)调用
true
gap> IsInvolution((1,2,3));           # 用参数(1,2,3)调用
false
```

GAP 有很丰富的函数系统, 我们将在后边陆续介绍.

第 4 节 表

一、 表的定义

表 (list) 是 **GAP** 的一种重要的数据结构, 它类似于通常意义的集合和计算机语言中的数组

GAP 的表用方括号 "[$\cdots$]" 定义, 其中的元素 (分量) 用逗号分隔.

注 (1) 表的元素之间可以相同;

(2) 表可以没有元素, 即空表;

(3) 表可以有 "洞", 即某个分量是空的;

(4) 表的元素彼此的数据类型可以不同;

(5) 表有 "**交**"(intersection), "**并**" (union) 和 "**属于**"(in) 等运算;

(6) 表在 **GAP** 内部是按所占存储单元的**地址**访问和操作的, 用户使用表时必须特别小心! 比如

```
[1, 2, 3];               # 含有 3 个元素的表.
[1, 1, 3];               # 含有相同元素的表.
[];                      # 没有元素的表, 即空表.
[,2,,4,];                # 第一、三、五个分量空的表, 即有 "洞".
[[], [1], [1, 2]];       # 以表为元素的表.
```

[1,‘#’,[1,2],“abcd”]; # 元素的数据类型不同的表.

例 3.4.1
```
gap> IsList([1, 3, 5, 7]); IsList(1);   # 是否是表
true
false
```

例 3.4.2
```
gap> L:=[1, 0, -1, , 2];   # 定义L为一个表
[1, 0, -1, , 2];
gap> -1 in L; -2 in L;   # 该元素是在表中
true
false
gap> Add(L,3);;   # 给表追加一个元素
gap> Add(L, “abcd” );;   # 一次只能追加一个元素
gap> L;
[1, 0, -1, , 2, 3, “abcd” ];
gap> Length(L);   # 求表的长，即元素个数(包括空元素)
7
```

注 函数 Add (⟨表⟩, ⟨元素⟩) 没有返回值.

例 3.4.3
```
gap> L:=[2, 1, 0, 2, 1];;
gap> Position(L, 0);   # 该元素在表中左起第一次出现的位序
3
gap> Position(L, 1); Position(L, 2);
2
1
gap> L[3];   # 提取表中第3个元素
0
gap> L[2]=L[5];
true
```

例 3.4.4
```
gap> L1:=[1, 2, 3, 3, 4]; L2:=[3, 4, 4, 5, 6];
[1, 2, 3, 3, 4]
[3, 4, 4, 5, 6]
gap> I:=Intersection(L1,L2);   # 返回L1与L2的交集
[3, 4]
gap> U:=Union(L1,L2);   # 返回L1与L2的并集
[1, 2, 3, 4, 5, 6]
```

例 3.4.5 请特别注意表是按其所占存储单元的地址访问和操作.

```
gap> a:=[0, -1, 2]; b:=[-2, 1];
[0, -1, 2]
[-2, 1]
gap> A:=[a,b];
[[0, -1, 2], [-2, 1]]
gap> Add(A[2], 3);
gap> A;
[[0, -1, 2], [-2, 1, 3]]
gap> b;
[-2, 1, 3]                          # 请注意子表b的内容也被改变!
```

二、 几种特殊类型的表

GAP 的表通常会以不同的类型呈现, 而有的命令或函数只针对某种类型的表, 所以用户操作时要特别小心.

1. **向量 (vector)**: [⟨分量 1⟩, ⟨分量 2⟩, ··· , ⟨分量 n⟩]

注 (1) 向量的分量必须都是数值型的;

(2) 向量的分量不能空, 即向量不能有 "洞";

(3) 向量之间有加减、数乘和内积等运算.

例 3.4.6

```
gap> v:=[-1, 0, 2, 1];       # 定义v为一个4维向量
[-1, 0, 2, 1]
gap> IsVector(v);            # 是否向量
true
gap> v+v;                    # 向量的相加
[-2, 0, 4, 2]
gap> 3*v;                    # 向量的数乘
[-3, 0, 6, 3]
gap> v*v;                    # 向量的内积
6
```

2. **矩阵 (matrix)**: 以等长向量为元素的表, 即

[[⟨元素 11⟩, ⟨元素 12⟩, ··· , ⟨元素 1n⟩], [⟨元素 21⟩, ⟨元素 22⟩, ··· , ⟨元素 2n⟩], ··· , [⟨元素 m1⟩, ⟨元素 m2⟩, ··· , ⟨元素 mn⟩]]

注 矩阵有加减、数乘、乘积和求逆等运算.

例 3.4.7 gap> M:=[[1, -1, 1], [2, 0, -1], [1, 1, 1]];

```
                                                    # 定义一个3×3矩阵
[[1, -1, 1], [2, 0, -1], [1, 1, 1]]
gap> IsMatrix(M);                                   # 是否矩阵
true
gap> PrintArray(M);                                 # 输出矩阵
[[1, -1, 1],
[2, 0, -1],
[1, 1, 1]]
gap> M+M;                                           # 矩阵的相加
[[2, -2, 2], [4, 0, -2], [2, 2, 2]]
gap> 2*M;                                           # 矩阵的数乘
[[2, -2, 2], [4, 0, -2], [2, 2, 2]]
gap> M*M;                                           # 矩阵的乘积
[[0, 0, 3], [1, -3, 1], [4, 0, 1]]
gap> M^-1;                                          # 矩阵的逆阵
[[1/6, 1/3, 1/6], [-1/2, 0, 1/2], [1/3, -1/3, 1/3]]
gap> a23:=M[2][3];                                  # 提取矩阵的(2,3)元素
-1
gap> m:=M\{[1,2]\}\{[2,3]\};                        # 提取子矩阵
[[-1, 1], [0, -1]]
```

3. **集 (set)**: [⟨元素 1⟩, ⟨元素 2⟩, ⋯ , ⟨元素 n⟩]

注 (1) 集的元素不能重复, 也不能空, 即集不能有 "洞";

(2) 集的元素必须按升序排列.

例 3.4.8 gap> S:=[1, 1, 3, -1,, "ab"];; IsSet(S);   # 是否是集

```
false                  # 不是集，因为S含有两个1，且有"洞"
gap> S:=Set(S);        # 置S为集，即去掉重复元素和"洞"，并升序排列
[-1, 1, 3, "ab"]
gap> IsSet(S);
true
gap> AddSet(S, 2);          # 给S增加一个元素
gap> S;                      # 显示S
[-1, 1, 2, 3, "ab"]          # S作为集，元素按升序排列
gap> AddSet(S, "ab");        # 给S增加一个已有的元素
```

```
gap> S;                      # 显示S
[-1, 1, 2, 3, "ab" ]         # S作为集, 加入重复元素无效
gap> RemoveSet(S, "ab" );    # 从S中删去一个元素
gap> S;                      # 显示S
[-1, 1, 2, 3]
gap> RemoveSet(S, 0);        # 从S中删去一个没有的元素
gap> S;                      # 显示S
[-1, 1, 2, 3]                # 删去没有的元素无效
```

例 3.4.9 gap> S:=[1, 2, 3, 4, 5]; L:=[3, 3, , 4, 5, 6];

```
[1, 2, 3, 4, 5]
[3, 3, , 4, 5, 6]
gap> SubtractSet(S, L);;     # 从S中减去L, 即S:=S-L
gap> S;                      # 显示S
[1, 2]
gap> S:=[1, 2, 3, 4, 5]; L:=[3, 3, , 4, 5, 6];
[1, 2, 3, 4, 5]
[3, 3, , 4, 5, 6]
gap> IntersectSet(S, L);;    # 用L去交S, 即S:=S∩L
gap> S;                      # 显示S
[3, 4, 5]
gap> S:=[1, 2, 3, 4, 5]; L:=[3, 3, , 4, 5, 6];
[1, 2, 3, 4, 5]
[3, 3, , 4, 5, 6]
gap> UniteSet(S, L);         # 用L去并S, 即S:=S∪L
gap> S;                      # 显示S
[1, 2, 3, 4, 5, 6]
```

注 函数 AddSet( ), RemoveSet( ), IntersectSet( ) 和 UniteSet( ) 都没有返回值.

4. **队列 (range)**: 其实是通常意义的等差数列, 格式如下:

[⟨首元⟩, [⟨次元⟩,]. . ⟨末元⟩]

注 (1) 公差 = ⟨次元⟩ − ⟨首元⟩;

(2) 如果公差为 1, 则可省略 "次元".

例 3.4.10 gap> [-2..2];   # 定义一个公差为1的队列

```
[-2..2];
```

```
gap> Length(last);
5
gap> R:=[3, 1..-5];          # 定义R为一个公差为-2的队列
[3, 1..-5];
gap> R=[3, 1, -1, -3, -5];
true
```

5. **记录 (record)**：由一些名彼此不同的字段构成，是可以存储不同类型数据的表，格式如下：

rec (⟨字段 1⟩:=⟨表达式 1⟩, ⟨字段 2⟩:=⟨表达式 2⟩, ⋯ , ⟨字段 n⟩:=⟨表达式 n⟩);

注 (1) 一条记录类似于 Excel 电子表格中的一行, 记录中的字段类似于 Excel 电子表格中的某一栏;

(2) 记录在定义的同时, 它的每个字段必须赋值;

(3) 访问记录的某个字段可通过如下方式:

⟨记录名⟩.⟨字段名⟩

例 3.4.11

```
gap> r:=rec(a:=1, b:= “2” );  # 定义一个有两个字段的记录
rec(a:=1, b:= “2” )
gap> r.b;                              # 显示字段b的值
 “2”
gap> r.a:=r.a-1;;                      # 字段a的值减1
gap> r;                                # 显示记录
rec(a:=0, b:= “2” )
gap> rec(a:=1, b:=rec(c:=2));          # 以记录为字段的记录
rec(a:=1, b:=rec(c:=2))
```

例 3.4.12 定义一个日期记录, 它包含有 year(年), month(月) 和 day(日) 等字段.

```
gap> date:=rec(year:=1992, month:= “Jan” , day:=13);;
gap> date.year;
1992
gap> date.time:=rec(hour:=19, minite:=23, second:=12);;
```

增加一个时间字段, 它是一个子记录, 包括有 hour(时), minite(分) 和 second(秒) 等字段:

```
gap> date;                   # 显示该记录
rec(
```

```
    year := 1992,
    month := "Jan" ,
    day := 13,
    time := rec(
        hour := 19,
        minite := 23,
        second := 12))
gap> RecFields(date);     # 以表的形式返回(显示)该记录的各个字段名:
[ "year" , "month" , "day" , "time" ]
```

第 5 节 置 换

置换是 **GAP** 较常用的一种数据, 它是某个正整数集到自身的一个双射, 通常写成不相交的**轮换 (循环)** 之积. 轮换中各数之间要求**用逗号分隔**, 比如

(1,2,3,4) (5,6) (7,8,9)　　# 不能写成 (1234) (56) (789)

注　置换有 "$*$" (乘), "/" (除) 运算 (二元), 还有 "$\wedge$" (幂) 运算 (一元).

例 3.5.1　gap> a:=(1,2,3); b:=(3,4,5);

```
(1,2,3)
(3,4,5)
gap> a*b; a/b; a*b^-1;                              # 后两项是等价的
(1,2,4,5,3)
(1,2,5,4,3)
(1,2,5,4,3)
gap> Order(last); Order(a); Order((1,2) (3,4,5)); # 求置换的阶
5
3
6
gap> SignPerm(a); SignPerm((1,2)*b);                # 求置换的符号
1
-1
gap> SignPerm(a*b);                                 # 该置换的符号
1
```

第4章 常用函数

CHAPTER 4

熟练运用 **GAP** 的各种函数是很重要的, 我们在之前的例子里已经运用了一些函数, 以下再介绍 **GAP** 的一些常用的函数.

注 (1) **GAP** 函数均以相关的英文单词或缩写命名, 可读性、可记性良好, 请读者运用时留意;

(2) 一些简单直观的函数仍只在例子中介绍.

第 1 节 输 出 类

输出是 **GAP** 最基本的操作之一, 特别是用户可将所得结果输出到文件, 便于阅读和保存.

1. Print (⟨对象⟩ [, ⟨对象 2⟩, ···]) # 无返回值

在屏幕输出所给的对象. 如果给出的对象超过一个, 则后边的对象紧接着前边的对象输出.

例 4.1.1
```
gap> a:=10; b:= "abcd" ;
10
"abcd"
gap> Print(a,b);
10abcdgap>                              # 未换行
gap> Print(a,b, "n" );                 # 控制符"\n"使输出后换行
10abcd
gap>
```

注 “\n” 是换行控制符.

2. PrintTo(“⟨文件名⟩”, ⟨对象⟩ [,⟨对象 2⟩, ···])　　　　　# 无返回值

操作基本同于 Print(), 只是将所给的对象输出到指定文件. 如果这个文件已经存在, 则用新文件覆盖旧文件.

注 所给的 “文件名” 必须符合命名规则, 用户可参照 **GAP** 对变量名的要求.

例 4.1.2 在当前文件夹下分别建立名为 “g001.out” 和 “g002.out” 的文件:

```
gap> PrintTo( “g001.out” );                 # 只建立文件，无内容
gap> PrintTo( “g002.out” , “10abcd\n” );    # 建立文件，并有内容
```

3. AppendTo (“⟨文件名⟩”, ⟨对象⟩ [, ⟨对象 2⟩, ···])　　　　　# 无返回值

操作基本同于 PrintTo(), 即也是将所给的对象输出到指定文件. 但如果这个文件已经存在, 则不会覆盖它, 而是将输出结果追加到这个文件的末尾.

例 4.1.3

```
gap> a:=10; b:= “abcd” ;
10
 “abcd”
gap> AppendTo( “g001.out” ,a,b, “\n” ); # 控制符“\n”使输出后换行
```

例 4.1.3 将结果“10abcd”追加到文件“g001.out”. 这时文件“g001.out”与“g002.out”内容相同 (参见**例** 4.1.2).

第 2 节　数　类

- Integers　　　　　# 无返回值

  表示整数集.

- PositiveIntegers　　　　　# 无返回值

  表示正整数集.

- NonnegativeIntegers　　　　　# 无返回值

  表示非负整数集.

- Rationals　　　　　# 无返回值

  表示有理数集.

注 Integers, PositiveIntegers, NonnegativeIntegers 和 Rationals 都是无限集.

例 4.2.1
```
gap> Size(Integers); IsIntegers(Integers);
infinity
true
gap> -2 in Integers; -2 in NonnegativeIntegers;
true
false
```

例 4.2.2
```
gap> IsIntegers(Rationals); -2/3 in Rationals;
true
true
```

- Sqrt(⟨数⟩)　　　　# 有返回值

  返回该数的平方根.

例 4.2.3
```
gap> Sqrt(4); Sqrt(9/25);
2
3/5
gap> Sqrt(2) in Rationals;
false
```

- Int(⟨有理数⟩)　　　　# 有返回值

  返回该有理数的整数部分 (即 "截尾取整").

例 4.2.4
```
gap> Int(4/3);
1
gap> Int(-2/3);
0
```

- IsInt (⟨数⟩)　　　　# 有返回值

  判断该数是否整数.

- IsPosInt (⟨数⟩)　　　　# 有返回值

  判断该数是否正整数.

- IsRat (⟨数⟩)　　　　# 有返回值

  判断该数是否实数.

例 4.2.5
```
gap> IsPosInt(0); IsRat(-2/3); IsRat(Sqrt(2));
false
true
false
```

- IsEvenInt (⟨整数⟩) # 有返回值

  判断该整数是否偶数.

- IsOddInt (⟨整数⟩) # 有返回值

  判断该整数是否奇数.

- AbsInt (⟨数⟩) # 有返回值

  返回该数的绝对值.

- SignInt (⟨数⟩) # 有返回值

  返回该数的符号.

- Factorial (⟨非负整数⟩) # 有返回值

  返回该整数的阶乘.

例 4.2.6
```
gap> Factorial(5);
120
gap> Factorial(0);
1
```

- Gcd (⟨整数 1⟩, ⟨整数 2⟩ [, ⟨整数 3⟩, ⋯]) # 有返回值

  返回所给整数 (至少 2 个) 的最大公因子.

例 4.2.7
```
gap> Gcd(4,6,8);
2
```

- Lcm (⟨整数 1⟩, ⟨整数 2⟩ [, ⟨整数 3⟩, ⋯]) # 有返回值

  返回所给整数 (至少 2 个) 的最小公倍数.

例 4.2.8
```
gap> Lcm(4,6,8);
24
```

- IsPrime (⟨整数⟩) # 有返回值

  判断该整数是否素数.

- IsPrimePowerInt (⟨整数⟩) # 有返回值

判断该整数是否是某素数之幂.

例 4.2.9 gap> IsPrimePowerInt(3); IsPrimePowerInt(8);

```
true
true
```

- Primes # 无返回值

表示前 168 个素数的集合.

例 4.2.10 gap> Primes;

```
[ 3, 5, 7, 11, 13, 17, 19, 23, 29, 31, 37,
  41, 43, 47, 53, 59, 61, 67, 71, 73, 79, 83,
  89, 97, 101, 103, 107, 109, 113, 127, 131,
  137, 139, 149, 151, 157, 163, 167, 173, 179,
  181, 191, 193, 197, 199, 211, 223, 227, 229,
  233, 239, 241, 251, 257, 263, 269, 271, 277,
  281, 283, 293, 307, 311, 313, 317, 331, 337,
  347, 349, 353, 359, 367, 373, 379, 383, 389,
  397, 401, 409, 419, 421, 431, 433, 439, 443,
  449, 457, 461, 463, 467, 479, 487, 491, 499,
  503, 509, 521, 523, 541, 547, 557, 563, 569,
  571, 577, 587, 593, 599, 601, 607, 613, 617,
  619, 631, 641, 643, 647, 653, 659, 661, 673,
  677, 683, 691, 701, 709, 719, 727, 733, 739,
  743, 751, 757, 761, 769, 773, 787, 797, 809,
  811, 821, 823, 827, 829, 839, 853, 857, 859,
  863, 877, 881, 883, 887, 907, 911, 919, 929,
  937, 941, 947, 953, 967, 971, 977, 983, 991,
  997 ]
```

例 4.2.11 gap> Primes[1]; Primes[3]; Primes[168];

```
2
5
997
```

- NextPrimeInt (n)　　　　# 有返回值

  返回大于整数 n 的最小素数.

- PrevPrimeInt (n)　　　　# 有返回值

  返回小于整数 n 的最大素数.

  例 4.2.12
  ```
  gap> NextPrimeInt(2)=Primes[2]; PrevPrimeInt(1000)=
  Primes[168];
  true
  true
  ```

- FactorsInt (n)　　　　# 有返回值

  返回一个升序排列的表, 它以整数 n 的全部素因子 (包括重复) 为元素.

  例 4.2.13
  ```
  gap> FactorsInt(600);
  [2, 2, 2, 3, 5, 5]
  ```

- DivisorsInt(n)　　　　# 有返回值

  返回一个集, 它以整数 n 的全部正因子 (不重复) 为元素.

  例 4.2.14
  ```
  gap> DivisorsInt(-20);
  [1, 2, 4, 5, 10, 20]
  ```

- Sigma(n)　　　　# 有返回值

  返回整数 n 的全部正因子 (不重复) 之和.

  例 4.2.15
  ```
  gap> Sigma(-20);
  42
  ```

- Tau (n)　　　　# 有返回值

  返回整数 n 的正因子个数.

  例 4.2.16
  ```
  gap> Tau(-20);
  6
  ```

- Phi (n)　　　　# 有返回值

  返回整数 n 的欧拉函数 $\phi(n)$, 即小于 $|n|$ 并与 n 互素的正整数的个数.

  例 4.2.17
  ```
  gap> Phi(-20);
  8
  ```

- PrimeResidues (n) # 有返回值

  返回小于 $|n|$ 并与 n 互素的正整数集.

  例 4.2.18

```
gap> PrimeResidues(-20);
[1, 3, 7, 9, 11, 13, 17, 19]
```

- Combinations ($\langle$表$\rangle$, k) # 有返回值

  返回表的 k 元组合 (以集表示) 全体.

- NrCombinations ($\langle$表$\rangle$, k) # 有返回值

  返回表的 k 元组合个数.

- Binomial (n, k) # 有返回值

  返回 $\binom{n}{k}$.

- Arrangements ($\langle$表$\rangle$, k) # 有返回值

  返回表的 k 元排列全体.

- NrArrangements ($\langle$表$\rangle$, k) # 有返回值

  返回表的 k 元排列个数.

  例 4.2.19

```
gap> Combinations([1..5], 3);
[[1, 2, 3], [1, 2, 4], [1, 2, 5], [1, 3, 4], [1, 3, 5],
 [1, 4, 5], [2, 3, 4], [2, 3, 5], [2, 4, 5], [3, 4, 5]]
gap> NrCombinations([1..5], 3);
10
gap> Arrangements([1..5], 3);
[[1, 2, 3], [1, 2, 4], [1, 2, 5], [1, 3, 2], [1, 3, 4],
 [1, 3, 5], [1, 4, 2], [1, 4, 3], [1, 4, 5], [1, 5, 2],
 [1, 5, 3], [1, 5, 4], [2, 1, 3], [2, 1, 4], [2, 1, 5],
 [2, 3, 1], [2, 3, 4], [2, 3, 5], [2, 4, 1], [2, 4, 3],
 [2, 4, 5], [2, 5, 1], [2, 5, 3], [2, 5, 4], [3, 1, 2],
 [3, 1, 4], [3, 1, 5], [3, 2, 1], [3, 2, 4], [3, 2, 5],
 [3, 4, 1], [3, 4, 2], [3, 4, 5], [3, 5, 1], [3, 5, 2],
 [3, 5, 4], [4, 1, 2], [4, 1, 3], [4, 1, 5], [4, 2, 1],
 [4, 2, 3], [4, 2, 5], [4, 3, 1], [4, 3, 2], [4, 3, 5],
 [4, 5, 1], [4, 5, 2], [4, 5, 3], [5, 1, 2], [5, 1, 3],
```

```
[5, 1, 4], [5, 2, 1], [5, 2, 3], [5, 2, 4], [5, 3, 1],
[5, 3, 2], [5, 3, 4], [5, 4, 1], [5, 4, 2], [5, 4, 3]]
gap> NrArrangements([1..5], 3);
60
```

第 3 节 表 类

- Length (⟨表⟩) # 有返回值

  返回表的长 (元素个数).

- Position (⟨表⟩, ⟨元素⟩) # 有返回值

  返回该元素在表中的位置 (左起).

  注 如果表中没有所给元素, 则返回 “fail”.

  例 4.3.1

```
gap> B:=[0, 1, -1, -2, 3];
gap> Position(B, -1);
3
gap> Position(B, -3);
fail
```

- PositionProperty (⟨表⟩, ⟨函数⟩) # 有返回值

  返回表中第一个被所给函数判断为真 (true) 的元素的位置 (左起).

  注 如果表中所有元素都被所给函数判断为伪 (false), 则返回 “fail”.

  例 4.3.2 求大于 200 的第一个素数.

```
gap> 200+PositionProperty([201..300], IsPrime);
211
```

- First (⟨表⟩, ⟨函数⟩) # 有返回值

  返回表中第一个被所给函数判断为真 (true) 的元素 (左起).

  注 如果表中所有元素都被所给函数判断为伪 (false), 则返回 “fail”.

  例 4.3.3

```
gap> First([201..300], IsPrime);  # 求大于200的第一个素数
211
gap> First([201..300], x->x>300); # 求201与300之间第一个大于300的数
fail
```

例 4.3.4 gap> First(Integers, x->x>0); # 求大于0的第一个整数1

- ForAll (⟨表⟩, ⟨函数⟩) # 有返回值

表中是否所有元素都被所给函数判断为真 (true).

例 4.3.5 gap> ForAll([1..20], IsPrime);

```
false
gap> ForAll([2,3,4,5,8,9], IsPrimePowerInt);
true
gap> ForAll([2..14], n->IsPrimePowerInt(n) or n mod 2=0);
true
gap> ForAll(Group((1,2), (1,2,3)), i->SignPerm(i)=1);
false
```

- ForAny (⟨表⟩, ⟨函数⟩) # 有返回值

表中是否有元素被所给函数判断为真 (true).

例 4.3.6 gap> ForAny([1..20], IsPrime);

```
true
gap> ForAny([2,3,4,5,8,9], IsPrimePowerInt);
true
gap> ForAny(Integers, x->x>0 and x<2);
true
```

- Random (⟨表⟩) # 有返回值

返回表中随机取到的一个元素.

- ShallowCopy (⟨表⟩) # 有返回值

将表复制给另一个表 (新表将另外开辟存储空间).

例 4.3.7 gap> L:=[20,30,40];; # 定义一个表

```
gap> L1:=L;#复制表,但仅把L的地址赋给L1,即L1和L占据同样的存储空间
[20,30,40];
gap> S:=ShallowCopy(L);     # 将表L复制到L1, 并为L1另开辟存储空间
[20,30,40];
gap> L[1]:=10;              # 将表L的第一个元素改为10
10
gap> L; L1; S;
```

```
[10,30,40];
[10,30,40];
[20,30,40];
```

注 表 $L1$ 与表 L 占据同样的存储空间, 所以 $L1$ 的第一个元素也被改为 10, 而表 S 与表 L 不在同一存储空间, 所以 S 的第一个元素未被改变.

- Add (⟨表⟩, ⟨元素⟩) # 无返回值

  给表追加单个元素.

- Append (⟨表 1⟩, ⟨表 2⟩) # 无返回值

  表 2 追加到表 1.

- Intersection (⟨表 1⟩, ⟨表 2⟩) # 有返回值

  以集的格式返回表 1 与表 2 的交.

- Union (⟨表 1⟩, ⟨表 2⟩) # 有返回值

  以集的格式返回表 1 与表 2 的并.

例 4.3.8
```
gap> A:=[3,1,1,,1,2];;
gap> B:=[4,1,1,,1,2];;
gap> Intersection(A, B);
[1, 2]
gap> Union(A, B);
[1, 2, 3, 4]
```

- Cartesian (⟨表 1⟩, ⟨表 2⟩, ⋯, ⟨表 n⟩) # 有返回值

  返回所给 n 个表的**笛卡儿积** ⟨表 1⟩ × ⟨表 2⟩ × ⋯ × ⟨表 n⟩.

例 4.3.9
```
gap> Cartesian([1,2], [3,4], [5,6]);     # 返回3维笛卡儿积
[[1, 3, 5], [1, 3, 6], [1, 4, 5], [1, 4, 6], [2, 3, 5],
 [2, 3, 6], [2, 4, 5], [2, 4, 6]]
gap> Cartesian([1,2,2], [1,1,2]);         # 返回2维笛卡儿积
[[1, 1], [1, 1], [1, 2], [2, 1], [2, 1], [2, 2], [2, 1],
 [2, 1], [2, 2]]
```

- Unbind (⟨表⟩[⟨位置⟩]) # 无返回值

  删除表中指定位置的元素.

例 4.3.10
```
gap> L:=[20,30,40,50];;
gap> Unbind(L[2]);
gap> L;
[20,,40,50]
gap> Unbind(L[3]);;
gap> L;
[20,,,50]                                # 第2，第3个元被删空
```

- Unbind (⟨表⟩)　　# 无返回值

删除整个表.

例 4.3.11
```
gap> L:=[20,30,40,50];;
gap> Unbind(L);
gap> L;
Variable: 'L' must have a value        # 查无此表
```

- Maximum (⟨表⟩)　　# 有返回值

返回表中的最大元素.

- Minimum (⟨表⟩)　　# 有返回值

返回表中的最小元素.

- Elements (⟨代数结构⟩)　　# 有返回值

返回代数结构中的元素.

- AsList (⟨代数结构⟩)　　# 有返回值

将代数结构转化成一个表返回.

- List (⟨表⟩, ⟨函数⟩)　　# 有返回值

返回每个元素都被函数作用后的表 (原表不变).

例 4.3.12
```
gap> L:=[20,30,40,50];;
gap> List(L, x->x/10-1); L;
[1,2,3,4]                                # 每个元素都除10后减1
[20,30,40,50]                            # 原表不变
```

- Apply (⟨表⟩, ⟨函数⟩)　　# 无返回值

表中每个元素都被函数作用 (原表改变).

例 4.3.13 gap> L:=[20,30,40,50];;

```
gap> Apply(L, x->x/10-1); L;
[1,2,3,4]            #原表改变，其每个元素都除10后减1
```

- Sum (⟨表⟩, [⟨函数⟩])　　　# 有返回值

求表中元素之和. 如果给定函数, 则表中元素先取函数值后再求和.

例 4.3.14 求向量 $[2,1,-1]$, $[3,-2,0]$, $[-1,5,1]$ 之和.

```
gap> Sum([[2,1,-1], [3,-2,0], [-1,5,1]]);
[4, 4, 0]
```

例 4.3.15 求 1, 2, $\cdots$, 10 的立方和.

```
gap> Sum([1..10], x->x^3);
3025
```

- Product (⟨表⟩, [⟨函数⟩])　　　# 有返回值

求表中元素之积. 如果给定函数, 则表中元素先取函数值后再求积.

例 4.3.16 求阶乘 5!.

```
gap> Product([1..5]);
120
```

例 4.3.17 求 $1^2\cdot 2^2\cdot 3^2\cdot 4^2\cdot 5^2$.

```
gap> Product([1..5], x->x^2);
14400
```

- Iterated (⟨表⟩, ⟨二元函数 / 二元运算符⟩) # 有返回值

返回表中元素反复被所给二元函数或二元运算作用后的值.

例 4.3.18 gap> Iterated([126, 66, 105], Gcd);

```
3
gap> Iterated([10, 2, 4, -3, 5], \-);
2
```

注 用二元运算符的时候之前要加反斜杠 “\”.

- Filtered (⟨表⟩, ⟨函数⟩)　　　# 有返回值

返回一个新表, 包含原表被所给函数判断为真true的元素 (原表不变).

- Number (⟨表⟩ [, ⟨函数⟩])　　　# 有返回值

返回表中非空元素 (即不统计 "洞") 的个数. 如果给定函数, 则返回表中被函数判断为真true的元素个数.

例 4.3.19
```
gap> Filtered([1..20], IsPrime);
[2, 3, 5, 7, 11, 13, 17, 19]
gap> Number([1..20], IsPrime);
8
gap> Number([, 2, 3, , 5, , 7, , , , 11]);
5
gap> Number(Group((1,2), (1,2,3)), x->Order(x)=2);
3
```

- Permuted (⟨表⟩, ⟨置换⟩) # 有返回值

表中各元素的顺序按所给置换重排后生成一个新表返回 (原表不变), 即满足:

$$新表\ [i^{\langle 置换\rangle}] = 原表\ [i].$$

例 4.3.20
```
gap> Permuted([ "a" , "b" , "c" , "d" , "e" , "f" ],
(1,3,5,6,4)); [ "d" , "b" , "a" , "f" , "c" , "e" ]
```

- Set(⟨表⟩) # 有返回值

将表转变为集的格式返回 (原表不变), 即去掉重复元素和 "洞", 并升序排列.

- Set (⟨表⟩, ⟨函数⟩) # 有返回值

表中每个元素都被函数作用后按集的格式返回 (原表不变).

注 原表不能有 "洞", 否则将导致函数执行错误.

- AsSet (⟨表⟩) # 有返回值

返回一个集 (类似 Set ( )).

- IsSet (⟨表⟩) # 有返回值

表是否是集.

例 4.3.21
```
gap> L:=[2,-1,,4,3,-5,4];;
gap> S:=Set(L);  # 表L以集格式赋给S, 这时S无重复元素和"洞", 并升
                   序排列.
[-5, -1, 2, 3, 4]
gap> IsSet(L); IsSet(S);
false
true
```

- AddSet (⟨集⟩, ⟨元素⟩) # 无返回值

  给集追加单个元素.

- IntersectSet (⟨集⟩, ⟨表⟩) # 无返回值

  集被表取交, 即集 = 集 ∩ 表.

- UniteSet (⟨集⟩, ⟨表⟩) # 无返回值

  集被表取并, 即集 = 集 ∪ 表.

- SubtractSet (⟨集⟩, ⟨表⟩) # 无返回值

  集被表取差, 即集 = 集 − 表.

- RemoveSet (⟨集⟩, ⟨元素⟩) # 无返回值

  从集中删去该元素.

第 4 节　多项式类

本节以字母 R 表示一个环.

在定义多项式前, 必须先用函数 Indeterminate( ) 定义未定元.

- Indeterminate(R , [序号]) # 有返回值

  返回环 R 上的一个未定元.

  注　如果未给定序号, 则返回未定元 "x_1; 如果给定序号, 则返回未定元 "x_⟨序号⟩".

- Indeterminate(R , "⟨名⟩") # 有返回值

  返回环 R 上指定了名的一个未定元.

例 4.4.1
```
gap> R:=Rationals;;      # 有理数环
gap> Indeterminate(R);           # 在环R上定义第1个未定元
x_1
gap> Indeterminate(R, 3);        # 在环R上定义第3个未定元
x_3
gap> Indeterminate(R, “y” );     # 在环R上定义一个名为“y”的未定元
y
```

多项式之间有 "+" (加), "−" (减), "∗" (乘), "/" (除) 和 "mod" (模) 运算,

例 4.4.2 gap> x:=Indeterminate(Rationals, “x”);; # 在有理数环上定义未定元

```
gap> f:=x^2-1;;
gap> g:=x+1;;
gap> g^2;
x^2+2*x+1
gap> f/g;
x-1
gap> f mod g;
0
gap> f mod (x+2);
3
```

此外两个多项式之间根据其次数还可以有 “>” (大于), “>=”(大于等于), “<” (小于), “<=” (小于等于) 和 “<>” (不等于) 等 **比较**运算.

例 4.4.3 gap> R:=Rationals;;

```
gap> x:=Indeterminate(R, “x” );;
gap> x^2 > x+1;
true
gap> y:=Indeterminate(R, “y” );;
gap> x*y^2 > x^2;
true
```

注 (1) 未定元之间的次序以定义时指定的序号为序. 未指定序号的, 则以定义的先后为序;

(2) 对于次数相同的两个多元多项式, 则按字典序再作比较.

例 4.4.4 gap> R:=Rationals;

```
gap> x:=Indeterminate(R, “x” );;
gap> t:=Indeterminate(R, “t” );;
gap> y:=Indeterminate(R, “y” );;
gap> x > t;
true
gap> y > t;
false
gap> x*t > x*y+t^2;
```

```
true
```

• IsPolynomial(f) # 有返回值

判断 f 是否是多项式函数.

例 4.4.5
```
gap> x:=Indeterminate(Rationals, "x");;
gap> y:=Indeterminate(Rationals, "y");;
gap> IsPolynomial((x*y+x^2*y^3)/y);
true
gap> IsPolynomial((x*y+x^2)/y);
false
```

• LeadingCoefficient (f) # 有返回值

返回多项式 f 的首项系数.

• DegreeIndeterminate (f, ⟨序号/未定元⟩) # 有返回值

返回该未定元在 f 中的次数.

• Derivative (f, ⟨序号/未定元⟩) # 有返回值

返回 f 对所给未定元的偏导数.

注 如果 f 是一元多项式, 则可省略未定元.

例 4.4.6
```
gap> x:=Indeterminate(Rationals, "x");;
gap> y:=Indeterminate(Rationals, "y");;
gap> f:=x^5+3*x*y+9*y^7+4*y^5*x+3*y+2;
9*y^7+4*x*y^5+x^5+3*x*y+3*y+2
gap> LeadingCoefficient(f);
9
gap> DegreeIndeterminate(f, 1);
5
gap> DegreeIndeterminate(f, y);
7
gap> Derivative(f, 1);
4*y^5+5*x^4+3*y
gap> Derivative(f, y);
63*y^6+20*x*y^4+3*x+3
```

- Value (f, ⟨数⟩)　　　　# 有返回值

返回一元多项式 f 的函数值, 其中未定元取给定的数.

例 4.4.7
```
gap> x:=Indeterminate(Rationals, "x");;
gap> f:=x^2+x+1;;
gap> Value(f, -2);
3
```

- Value (f, ⟨未定元集⟩, ⟨数集⟩)　　　　# 有返回值

返回多元多项式 f 的函数值, 其中各未定元分别取数集中对应的数.

例 4.4.8
```
gap> x:=Indeterminate(Rationals, "x");;
gap> y:=Indeterminate(Rationals, "y");;
gap> f:=x^2*y+x+y+1;;
gap> Value(f, [x,y], [-2,3]);
14
```

- OnIndeterminates (f, ⟨置换⟩)　　　　# 有返回值

返回 f 各未定元按序号置换后所得的多项式.

例 4.4.9
```
gap> x:=Indeterminate(Rationals, "x");;
gap> y:=Indeterminate(Rationals, "y");;
gap> OnIndeterminates(x^3*y+x*y^2+2*x+3*y,(1,2);
x*y^3+x^2*y+3*x+2*y
gap> OnIndeterminates(x^7*y+x*y^4,(1,4)(2,3));
x_3*x_4^7+x_3^4*x_4
gap> Stabilizer(Group((1,2,3,4),(1,2)),x+y,OnIndeterminates);
Group([(1,2), (3,4)])
        # 求集不变{1,2}的稳定子群(详见"第4章第8节作用与置换类")
```

注 例 4.4.9 中, 未定元 x, y 依其次序分别代表 1, 2, 故稳定 $x+y$ 等价于不变集合 $\{1, 2\}$.

- Factors (f)　　　　# 有返回值

以表的形式返回多项式 f 在环 R 上的不可约因式.

注 环 R 已在定义未定元时指定.

例 4.4.10 gap> x:=Indeterminate(Rationals, "x");; # 在有理数环上定义未定元

```
gap> Factors(x^9-1);                    # 求有理数环上的不可约因式
[x-1, x^2+x+1, x^6+x^3+1]
```

- RootsOfUPol(f)　　　　　　　　　　　# 有返回值

以表的形式返回多项式 f 环 R 上的根.

注 环 R 已在定义未定元时指定.

例 4.4.11 gap> x:=Indeterminate(Rationals, "x");; # 在有理数环上定义未定元

```
gap> RootsOfUPol(2*x^3+5*x^2+x-2);     # 求有理数环上的所有根
[1/2, -1, -2]
```

- PrimitivePolynomial(f)　　　　　　　　　# 有返回值

以表的形式返回 f 的本原多项式 f_1 及有理数 q, 满足 $q * f_1 = f$.

例 4.4.12 gap> PrimitivePolynomial(4*x^2-6*x+10);

```
[2*x^2-3*x+5, 2]
gap> PrimitivePolynomial(1/4*x^2-1/6*x+1/10);
[15*x^2-10*x+6, 1/60]
```

- CyclotomicPolynomial(F, n)　　　　　　# 有返回值

返回域 F 的 n 次分圆多项式 $\dfrac{x^n-1}{x-1}$.

例 4.4.13 gap> CyclotomicPolynomial(Rationals, 5);

```
x^4+x^3+x^2+x+1
```

- MinimalPolynomial(R, ⟨数⟩)　　　　　　# 有返回值

返回给定数在环 R 上的极少多项式.

例 4.4.14 gap> MinimalPolynomial(Rationals, Sqrt(3));

```
x^2-3
```

第 5 节　矩　阵　类

本节以字母 M 表示一个矩阵, 以字母 v 表示一个行向量, 以字母 m 和 n 表示正整数.

- IdentityMat (n); # 有返回值

  返回一个 n 阶单位阵.

- DiagonalMat (v); # 有返回值

  返回一个对角阵, 其阶等于 v 的维数, 其对角线元素分别取 v 的各分量.

- DiagonalOfMat (M); # 有返回值

  以表的形式返回矩阵 M 的对角线元素.

- DimensionsMat (M); # 有返回值

  以表的形式返回矩阵 M 的行列值.

- Trace (⟨方阵⟩); # 有返回值

  返回方阵的迹, 即对角线元素之和.

- Determinant (⟨方阵⟩); # 有返回值

  返回方阵的行列式.

例 4.5.1
```
gap> IdentityMat(4);          # 求4阶单位阵
[[1, 0, 0, 0], [0, 1, 0, 0], [0, 0, 1, 0], [0, 0, 0, 1]]
gap> M=DiagonalMat,([1, 2, 3, 4]);   # 求对角阵
[[1, 0, 0, 0], [0, 2, 0, 0], [0, 0, 3, 0], [0, 0, 0, 4]]
gap> DimensionsMat(M);                # 求矩阵M的行列值
[4, 4]
gap> Trace(M);                        # 求矩阵M的行列式
10
gap> Determinant(M);                  # 求方阵M的行列式
24
```

- TransposedMat (M); # 有返回值

  返回矩阵 M 的转置.

- RankMat (M); # 有返回值

  返回矩阵 M 的秩.

例 4.5.2
```
gap> M=[[1, -1, 0, 2], [0, -1, 3, 1], [0, 0, 0, 0]];;
gap> TransposedMat(M);                # 求矩阵M的转置
[[1, 0, 0], [-1, -1, 0], [0, 3, 0], [2, 1, 0]]
```

```
gap> RankMat(M);                        # 求矩阵M的秩
2
```

- IsDiagonalMat (⟨方阵⟩);　　　　# 有返回值

  判断所给方阵是否对角阵.

- IsUpperTriangularMat (⟨方阵⟩);　　　　# 有返回值

  判断所给方阵是否上三角阵.

- IsLowerTriangularMat (⟨方阵⟩);　　　　# 有返回值

  判断所给方阵是否下三角阵.

- IsMonomialMatrix (⟨方阵⟩);　　　　# 有返回值

  判断所给方阵是否每行每列只有一个非零元.

例 4.5.3
```
gap> M:=[[1, -1, 1], [0, 2, -1], [0, 0, 3]];
gap> N:=TransposedMat(M);
[[1, 0, 0], [-1, 2, 0], [1, -1, 3]]
gap> IsUpperTriangularMat(M);
true
gap> IsLowerTriangularMat(M);
false
gap> IsLowerTriangularMat(N);
true
gap> IsMonomialMatrix(M);
false
gap> IsMonomialMatrix([0, 2, 0], [0, 0, -1], [3, 0, 0]);
true
```

- SolutionMat (M, v);　　　　# 有返回值

  返回一个行向量 x, 满足方程 $x * M = v$.

例 4.5.4
```
gap> M:=[[1, -1, 1], [4, 2, -1], [-1, 0, 3], [0, 6, -2]];;
gap> v:=[4, 7, 1];;
gap> SolutionMat(M, v);
[-51/19, 41/19, 37/19, 0]
```

- CharacteristicPolynomial (⟨方阵⟩); # 有返回值

  返回所给方阵的特征多项式.

- Eigenvalues (⟨域⟩, ⟨方阵⟩); # 有返回值

  以表的形式返回所给方阵在指定域上的所有特征值.

- Eigenvectors (⟨域⟩, ⟨方阵⟩); # 有返回值

  以表的形式返回所给方阵在指定域上的所有特征向量.

- Eigenspaces (⟨域⟩, ⟨方阵⟩); # 有返回值

  以表的形式返回所给方阵在指定域上的所有特征子空间.

- BaseMat (M); # 有返回值

  返回矩阵 M 行向量生成的向量空间的一组基.

例 4.5.5
```
gap> M:=[[2, 1, 0], [0, 2, 0], [0, 0, -1]];;
gap> f:=CharacteristicPolynomial(M);
x^3-3*x^2+4
gap> Factors(f);
[x-2, x-2, x+1]
gap> F:=Rationals;;
gap> Eigenvalues(F, M);
[2, -1]
gap> Eigenvectors(F, M);
[[0, 1, 0], [0, 0, 1]]
gap> Eigenspaces(F, M);
[Vector Space(Rationals, [[0, 1, 0]]),
Vector Space(Rationals, [[0, 0, 1]])]
gap> BaseMat(M);
[[1, 1/2, 0], [0, 1, 0], [0, 0, 1]]
```

第 6 节 向量空间类

本节以字母 F 表示一个域, 以字母 m 和 n 表示正整数.

- GF (n) # 有返回值

  返回一个 n 元有限域.

注 n 必须是素数的方幂.

- FullRowSpace (F, n)　　　　# 有返回值

  返回域 F 上 n 维标准向量空间.

  注 也可直接定义为 F^n.

- FullMatrixSpace (F, m, n)　　　　# 有返回值

  返回域 F 上 $(m \times n)$ 矩阵空间.

  注 也可直接定义为 F^[m, n].

  例 4.6.1

```
gap> F:=Rationals;;                  # 有理数域
gap> V:=FullRowSpace(F, 3);;         # 定义F上的3维标准向量空间
gap> W:=F^3;;                        # 同上
gap> V=W;
true
gap> V:=FullMatrixSpace(F,3,4);;
gap> M:=[[1,2,3,4],[0,-1,2,0],[1/2,3,9,2]];;  # 定义F上3×4矩阵
gap> M in V;
true
gap> W:=F^[3,4];;
gap> V=W;
true
```

- VectorSpace (F, ⟨向量集合⟩)　　　　# 有返回值

  返回域 F 上由所给向量生成的向量空间.

  例 4.6.2

```
gap> F:=Rationals;;                  # 有理数域
gap> V:= VectorSpace(F, [[ 1, 1, 1 ], [ 1, 0, 2 ]]);  # 生成一个向量空间
<vector space over Rationals, with 2 generators>
gap> [2,1,3] in V;
true
```

- Basis (V)　　　　# 有返回值

  返回向量空间 V 的一组基.

- BasisVectors (⟨基⟩)　　　　# 有返回值

  返回基中的向量组.

例 4.6.3 gap> F:=Rationals;;
```
gap> V:= VectorSpace(F, [[ 1, 2, 7], [1/2, 1/3, 5]]);;
gap> B:= Basis(V);;                       # 取V中的一组基
gap> B:= BasisVectors(B);                 # 显示这组基
[[1, 2, 7], [ 0, 1, -9/4]]
```

- LinearCombination (⟨向量组⟩, ⟨系数集合⟩) # 有返回值

  返回向量组中各向量乘上系数集合中对应系数后的和向量.

例 4.6.4 gap> v:=[[1,0,0,0], [0,1,0,0], [0,0,1,0], [0,0,0,1]];;
```
gap> LinearCombination(v, [1,2,3,4]);
[1, 2, 3, 4]
```

- Subspace (V, ⟨V 中向量集合⟩) # 有返回值

  返回向量空间 V 的由所给向量生成的子空间.

例 4.6.5 gap> V:=VectorSpace(Rationals, [[1, 2, 3], [1, 1, 1]]);;
```
gap> W:=Subspace(V, [[0, 1, 2]]);
<vector space over Rationals, with 1 generators>
```

第 7 节 群 类

本节以字母 G 表示一个群.

- Group (⟨生成元 1⟩, ⟨生成元 2⟩, $\cdots$, ⟨生成元 n⟩) # 有返回值

  返回由所给生成元生成的群.

- Size (⟨代数结构⟩) # 有返回值

  返回该代数结构的阶 (元素个数).

- Order (⟨群元素⟩) # 有返回值

  返回该元素的阶.

- Inverse (⟨群元素⟩) # 有返回值

  返回该元素的逆元.

- Exponent (G) # 有返回值

  返回群 G 的指数, 即全体元素阶的最小公倍数.

例 4.7.1
```
gap> G:=Group((1,2), (1,2,3));              # 生成 S3
Group([(1,2), (1,2,3)])
gap> Size(G);                               # 显示群G的阶
6
gap> Inverse((1,2,3));                      # 显示元素(1,2,3)的逆元
(1,3,2)
gap> Exponent(G);                           # 显示G的指数
6
gap> Filtered(G, x->Order(x)=2);            # 显示G的2阶元
[(2,3), (1,2), (1,3)]
```

- GeneratorsOfGroup (G) # 有返回值

  返回群 G 的生成元集.

- IsAbelian (G) # 有返回值

  判断群 G 是否是交换群.

- IsElementaryAbelian (G) # 有返回值

  判断群 G 是否是初等交换群.

- IsSimple (G) # 有返回值

  判断群 G 是否是单群.

- IsSolvable (G) # 有返回值

  判断群 G 是否是可解群.

- IsSupersolvable (G) # 有返回值

  判断群 G 是否是超可解群.

- IsNilpotent (G) # 有返回值

  判断群 G 是否是幂零群.

- IsCyclic (G) # 有返回值

  判断群 G 是否是循环群.

- CyclicGroup (n) # 有返回值

  返回 n 阶循环群 C_n.

- AbelianGroup ($[i_1, i_2, \cdots, i_n]$) # 有返回值

返回交换群 $C_{i_1} \times C_{i_2} \times \cdots \times C_{i_n}$.

例 4.7.2
```
gap> AbelianGroup([3, 4, 5]);        # 生成交换群C3 × C4 × C5.
<pc group of size 60 with 3 generators>
gap> IsCyclic(last);                 # 是否循环群
true
```

- ElementaryAbelianGroup (n) # 有返回值

返回阶为 n 的初等交换群.

注 n 必须是素数的方幂.

例 4.7.3
```
gap> ElementaryAbelianGroup(27); # 生成27阶初等交换3-群
<pc group of size 27 with 3 generators>   # C3 × C3 × C3.
gap> Exponent(last);                      # 求其指数
3
```

- DihedralGroup (n) # 有返回值

返回阶为 n 的二面体群.

例 4.7.4
```
gap> DihedralGroup(10);;             # 生成10阶二面体群D10.
<pc group of size 10 with 2 generators>
gap> IsNilpotent(last);              # 是否幂零群
false
```

- SymmetricGroup (n) # 有返回值

返回 n 次对称群 S_n.

例 4.7.5
```
gap> SymmetricGroup(5);              # 生成 S5
gap> IsSolvable(last);               # 是否可解群
false
```

- AlternatingGroup (n) # 有返回值

返回 n 次交错群 $\mathbf{A}_n$.

例 4.7.6
```
gap> AlternatingGroup(5);;           # 生成 A5
gap> IsSimple(last);                 # 是否单群
true
```

- MathieuGroup (n) # 有返回值

返回 n 次 Mathieu 单群 M_n.

注 n 只能取正整数 9, 10, 11, 12, 21, 22, 23 和 24.

例 4.7.7
```
gap> M11:=MathieuGroup(11);;                # 生成 M11
gap> IsSimple(M11);                        # 是否单群
true
gap> p:=(1,2,3,4,5,6,7,8,9,10,11);;
gap> r:=(1,11)(3,8)(5,6)(9,10);;
gap> G:=Group(p,r);;
gap> M11=G;                                # 是否Mathieu单群 M11
true
gap> M12:=MathieuGroup(12);;               # 生成 M12
gap> p:=(1,2,3,4,5,6,7,8,9,10,11);;
gap> r:=(1,12)(2,11)(4,10)(6,9);;
gap> G:=Group(p, r);;
gap> M12=G;                                # 是否Mathieu单群 M12
true
gap> M24:=MathieuGroup(24);;               # 生成 M24
gap> p:=(1,2,3,4,5,6,7,8,9,10,11,12,13,14,15,16,17,18,19,20,21,
        22,23);
gap> q:=(3,17,10,7,9)(4,13,14,19,5)(8,18,11,12,23)(15,20,22,21,
        16);
gap> r:=(1,24)(2,23)(3,12)(4,16)(5,18)(6,10)(7,20)(8,14)(9,21)
       (11,17)(13,22)(15,19);
gap> G:=Group(p, q, r);;
gap> M24=G;                                # 是否Mathieu单群 M24
true
```

- SuzukiGroup (q) # 有返回值

返回 q 元域上的 Suzuki 单群 Sz(q).

注 q 只能取 2 的正整数方幂.

例 4.7.8
```
gap> SuzukiGroup(32);                      # 生成Sz(32)
Sz(32)
gap> IsSimple(last);                       # 是否单群
true
```

- ReeGroup (q) # 有返回值

  返回 q 次 Ree 单群 $^2G_2(q)$.

  注 q 只能取 3^{1+2m}, 其中 m 为非负整数.

  例 4.7.9
  ```
  gap> ReeGroup(27);                     # 生成 ²G₂(27)
  Ree(27)
  gap> IsSimple(last);                   # 是否单群
  true
  ```

- Subgroup (G, ⟨生成元集⟩) # 有返回值

  返回由所给生成元生成的 G 的子群.

- Index (G, H) # 有返回值

  返回子群 H 在群 G 中的指数 $|G:H|$.

- SubgroupByProperty (G, ⟨函数⟩) # 有返回值

  返回群 G 中被所给函数判断为真 (true) 的元素生成的子群.

  例 4.7.10
  ```
  gap> G:=Group((1,2), (1,2,3,4)); # 生成S4
  Group([(1,2), (1,2,3,4)])
  gap> H:=SubgroupByProperty(G,g->3^g=3);
  <subgrp of Group([(1,2,3,4), (1,2)]) by property>
  gap> (1,3) in H; (1,4) in H; (1,5) in H;
  false
  true
  false
  gap> GeneratorsOfGroup(u);
  [(1,2), (1,4,2)]
  ```

- IsCharacteristicSubgroup (G, H) # 有返回值

  判断子群 H 是否是群 G 的特征子群.

- IsNormal (G, H) # 有返回值

  判断群 G 是否正规化群 H.

- IsSubnormal (G, H) # 有返回值

  判断子群 H 是否是群 G 的次正规子群.

- Normalizer (G, H) # 有返回值

  返回子群 H 在 G 中的正规化子 $N_G(H)$.

- Centralizer (G, H) # 有返回值

  返回子群 H 在 G 中的中心化子 $C_G(H)$.

- NormalClosure (G, H) # 有返回值

  返回子群 H 在 G 中的正规闭包 $\langle H^G \rangle$.

例 4.7.11

```
gap> G:=Group((1,2), (1,2,3,4));  # 生成S4
Group([(1,2), (1,2,3,4)])
gap> H:=Subgroup(G, [(1,2), (3,4)]);;
gap> IsSubgroup(G, H);                     # H是否正G的子群
true
gap> I:=Index(G, H);                       # H在G中的指数|G:H|
6
gap> N:=Normalizer(G, H);                  # H在G中的正规化子NG(H)
Group([(3,4), (1,2), (1,2,3,4)])
gap> Size(N);                              # 返回|N|
8
gap> IsNormal(N, H);                       # H是否正规于N
true
gap> C:=Centralizer(G, H);                 # H在G中的中心化子CG(H)
Group([(1,2), (3,4), (1,2)(3,4)])
gap> Elements(C);                          # 返回C的所有元素
[( ), (3,4), (1,2), (1,2)(3,4)]
gap> IsAbelian(C);                         # 是否交换群
true
gap> K:=NormalClosure(G, H);               # H在G中的正规闭包
Group([(3,4), (1,2), (1,4)(2,3), (2,3)])
gap> IsNormal(G, K);                       # K是否正规于G
true
```

- Core (G, H) # 有返回值

  返回子群 H 在群 G 中的核, 即 $\bigcap_{g \in G} H^g$.

例 4.7.12
```
gap> G:=Group((1,2,3,4), (1,2));;
gap> Core(G, Subgroup(G, [(1,2,3,4)]));
Group(( ))
```

- Comm (⟨元素 1⟩, ⟨元素 2⟩) # 有返回值

  返回元素 1 与元素 2 的换位子.

- CommutatorSubgroup (G, H) # 有返回值

  返回换位子群 $[G, H]$.

- DerivedSubgroup (G) # 有返回值

  返回群 G 的导群 G'.

例 4.7.13
```
gap> G:=Group((1,2), (1,2,3,4,5));; # 生成 S5
gap> C:=CommutatorSubgroup(G,G);;  # 换位子群[G,G]
gap> D:=DerivedSubgroup(G);;       # 导群G'
gap> C=D;
true
```

- FactorGroup (G, N) # 有返回值

  返回商群 G/N.

  注 N 须是 G 的正规子群.

- CommutatorFactorGroup (G) # 有返回值

  返回商群 G/G'.

例 4.7.14
```
gap> G:=Group((1,2,3,4), (1,2));;
gap> H:=Subgroup(G, [(1,2)(3,4), (1,3)(2,4)]);;
gap> F:=FactorGroup(G, H);
Group([f1, f2])
gap> gens_F:=GeneratorsOfGroup(F);;
gap> F1:=gens_F[1];
f1
gap> F2:=gens_F[2];
f2
gap> Order(F1); Order(F2);
2
3
```

```
gap> F:=Action(F, AsList(F), OnRight);        # 右乘作用
Group([(1,2)(3,6)(4,5), (1,3,5)(2,4,6)])
gap> C:=CommutatorFactorGroup(G);
Group([f1])
gap> gens_C:=GeneratorsOfGroup(C);;
gap> C1:=gens_C[1];
f1
gap> Order(C1);
2
gap> C:=Action(C, AsList(C), OnRight);
Group([(1,2)])
```

- NaturalHomomorphismByNormalSubgroup (G, N) # 有返回值

  返回 G 到商群 G/N 的自然同态.

  注 N 需是 G 的正规子群.

  例 4.7.15

```
gap> G:=Group((1,2,3,4), (1,2));;
gap> N:=Subgroup(G, [(1,2)(3,4), (1,3)(2,4)]);;
gap> Hom:=NaturalHomomorphismByNormalSubgroup(G, N);
[(1,2,3,4), (1,2)] -> [f1*f2, f1]
gap> Size(ImagesSource(Hom));                  # 原像的阶
6
```

- MaximalSubgroups (G) # 有返回值

  返回一个表, 以 G 的极大子群为元素.

  例 4.7.16

```
gap> MaximalSubgroups(Group((1,2,3), (1,2)));;
[Group([(1,2,3)]), Group([(2,3)]), Group([(1,2)]), Group([(1,3)])]
```

- NormalSubgroups (G) # 有返回值

  返回一个表, 以 G 的正规子群为元素.

  例 4.7.17

```
gap> G:=SymmetricGroup(4);; NormalSubgroups(G);
[Group(( )), Group([(1,4)(2,3), (1,3)(2,4)]),
 Group([(2,4,3), (1,4)(2,3), (1,3)(2,4)]), Sym([1 .. 4])]
```

- MaximalNormalSubgroups (G) # 有返回值

  返回一个表, 以 G 的极大正规子群为元素.

- MinimalNormalSubgroups(G) # 有返回值

  返回一个表, 以 G 的极小正规的子群为元素.

例 4.7.18 gap> G:=SymmetricGroup(4);;

```
gap> MaximalNormalSubgroups(G);
[Group([(2,4,3), (1,4)(2,3), (1,3)(2,4)])]
gap> MinimalNormalSubgroups(G);
[Group([(1,4)(2,3), (1,3)(2,4)])]
```

- ConjugacyClasses(G) # 有返回值

  返回群 G 的共轭类.

- NrConjugacyClasses(G) # 有返回值

  返回群 G 的共轭类个数.

例 4.7.19 gap> G:=SymmetricGroup(4);;

```
gap> CC:=ConjugacyClasses(G);
[( )^G, (1,2)^G, (1,2)(3,4)^G, (1,2,3)^G, (1,2,3,4)^G]
gap> Representative(CC[3]);
(1,2)(3,4)
gap> Centralizer(CC[3]);
Group([(1,2), (1,3)(2,4), (3,4)])
gap> Size(Centralizer(CC[5]));
4
gap> Size(CC[2]);
6
```

例 4.7.20 gap> A6:=AlternatingGroup(6); # 交错群A_6

```
Alt([1 .. 6])
gap> CC:=ConjugacyClasses(A6);                # A6的共轭类
[( )^G, (1,2)(3,4)^G, (1,2,3)^G, (1,2,3)(4,5,6)^G,
(1,2,3,4)(5,6)^G, (1,2,3,4,5)^G, (1,2,3,4,6)^G]
gap> L:=Length(CC);                           # A6的共轭类个数
7
gap> Reps:=List(CC, Representative);          # 共轭类代表元
[( ), (1,2)(3,4), (1,2,3), (1,2,3)(4,5,6), (1,2,3,4)(5,6),
(1,2,3,4,5), (1,2,3,4,6)]
```

```
gap> R:=List(Reps, x->Order(x));                 # 代表元的阶
[1, 2, 3, 3, 4, 5, 5]
gap> S:=List(CC, Size);                          # 共轭类中每个轨道的长
[1, 45, 40, 40, 90, 72, 72]
gap> Sum(S);                                     # A6的元素个数
360
```

- ConjugateSubgroup $(H,\ x)$ # 有返回值

  返回元素 x 共轭作用子群 H 所得的共轭子群 H^x.

- ConjugateSubgroups $(H,\ L)$ # 有返回值

  返回一个表, 其元素形如 H^x, 而 x 取遍 L 各元.

- IsConjugate $(G,\ H,\ K)$ # 有返回值

  判断群 H 和 K 在 G 中是否共轭.

- IsConjugate $(G,\ x,\ y)$ # 有返回值

  判断元素 x 和 y 在 G 中是否共轭.

- Centre (G) # 有返回值

  返回群 G 的中心 $Z(G)$.

- DirectProduct $(G,\ H)$ # 有返回值

  返回群 G 与群 H 的 (外) 直积 $G\times H$.

  例 4.7.21

```
gap> G:=SymmetricGroup(5);
Sym([1..5])
gap> H:=Group((1,2));
Group([(1,2)])
gap> D:=DirectProduct(G,H);
Group([(1,2,3,4,5), (1,2), (6,7)])
gap> Size(D);
240
```

- WreathProduct $(G,\ H)$ # 有返回值

  返回群 G 关于置换群 P 的圈积 $G\wr P$.

例 4.7.22
```
gap> G:=Group((1,2,3),(1,2));
Group([(1,2,3), (1,2)])
gap> P:=Group((1,2,3));
Group([(1,2,3)])
gap> W:=WreathProduct(G, P);
Group([(1,2,3), (1,2), (4,5,6), (4,5), (7,8,9), (7,8),
(1,4,7)(2,5,8)(3,6,9)])
gap> Size(W);
648
```

- ChiefSeries (G) # 有返回值

  返回群 G 的主群列.

- CompositionSeries (G) # 有返回值

  返回群 G 的合成群列.

- DerivedSeries (G) # 有返回值

  返回群 G 的导群列.

- LowerCentralSeriesOfGroup (G) # 有返回值

  返回群 G 的下中心列.

- UpperCentralSeriesOfGroup (G) # 有返回值

  返回群 G 的上中心列.

- FrattiniSubgroup (G) # 有返回值

  返回群 G 的 Frattini 子群.

- FittingSubgroup (G) # 有返回值

  返回群 G 的 Fitting 子群.

- Socle (G) # 有返回值

  返回群 G 的 Socle, 即 G 的所有极小正规子群的乘积.

例 4.7.23
```
gap> G:=AlternatingGroup(4);;
gap> FrattiniSubgroup(G);
Group(( ))
gap> FittingSubgroup(G);
```

```
Group([(1,2)(3,4), (1,4)(2,3)])
gap> Socle(G);
Group([(1,2)(3,4), (1,4)(2,3)])
```

- Omega $(G,\ p,\ n)$ # 有返回值

返回 p–群 G 的特征子群 $\Omega_n(G) = \{g \in G \mid g^{p^n} = 1\}$.

- Agemo $(G,\ p,\ n)$ # 有返回值

返回 p 群 G 的特征子群 $\mho_n(G) = \{g^{p^n} \mid g \in G\}$.

- SupersolvableResiduum (G) # 有返回值

返回群 G 的超可解剩余, 即使商群 G/N 超可解的 G 的最小正规子群 N.

例 4.7.24

```
gap> G:=AlternatingGroup(4);;
gap> SupersolvableResiduum(G);
Group([(1,2)(3,4), (1,4)(2,3)])
```

- Intersection (⟨群 1⟩, ⟨群 2⟩) # 有返回值

返回群 1 与群 2 的交集.

- SylowSubgroup $(G,\ p)$ # 有返回值

返回群 G 的一个 Sylow p 子群.

- RightCoset $(H,\ g)$ # 有返回值

返回子群 H 的一个右陪集 Hg.

- RightCosets $(G,\ H)$ # 有返回值

以表的形式返回子群 H 在 G 中的右陪集全体 $[G:H]$.

例 4.7.25

```
gap> H:=Group((1,2,3), (1,2));;
gap> H1:=RightCoset(H, (2,3,4));
RightCoset(Group([(1,2,3), (1,2)]), (2,3,4))
gap> Representative(H1);          # 返回一个代表元
(2,3,4)
gap> Size(H1);
6
```

注 GAP 没有给**左陪集**的定义.

- DoubleCoset $(H,\ g,\ K)$ # 有返回值

返回子群 H 和子群 K 的双陪集 HgK.

- DoubleCosets $(G,\ H,\ K)$ # 有返回值

返回子群 H 和子群 K 的双陪集全体 $\{HgK \mid g \in G\}$.

例 4.7.26 gap> G:=Group((1,2,3,4),(1,2));;

```
gap> H:=Subgroup(G,[(1,2,3),(1,2)]);;
gap> K:=Subgroup(G,[(3,4)]);;
gap> H1K:=DoubleCoset(H,(2,4),K);
DoubleCoset(Group([(1,2,3), (1,2)]), (2,4), Group([(3,4)]))
gap> (1,2,3) in H1K;
false
gap> (2,3,4) in H1K;
true
gap> LeftActingGroup(H1K);
Group([(1,2,3), (1,2)])
gap> RightActingGroup(H1K);
Group([(3,4)])
```

- FreeGroup ("⟨符号 1⟩", "⟨符号 2⟩", ⋯, "⟨符号 n⟩") # 有返回值

返回由所给 n 个符号生成的自由群.

例 4.7.27 利用自由群生成二面体群 $\langle a, b \mid a^6 = b^2 = 1, b^{-1}ab = a^{-1}\rangle$.

```
gap> f:=FreeGroup("a","b"); a:=f.1; b:=f.2;  # 2个生成元
<free group on the generators [a, b]>
a
b
gap> G:=f/[a^6, b^2, b^-1*a*b*a]; # 模去生成关系即得到所要的群
<fp group on the generators [a, b]>
gap> gens:=GeneratorsOfGroup(G);
[a, b]
gap> a:=gens[1]; b:=gens[2];        # 重新定义生成元
a
b
gap> e:=Identity(G);                 # 取群G的单位元
<identity ...>
gap> Size(G); IsAbelian(G);
```

```
12
false
gap> Elements(G);
```

- AutomorphismGroup (G) # 有返回值

  返回群 G 的全自同构群.

- IsAutomorphismGroup (G) # 有返回值

  判断群 G 是否是另一个群的全自同构群.

  例 4.7.28
```
gap> G:=Group((1,2,3,4), (1,3));
Group([(1,2,3,4), (1,3)])
gap> A:=AutomorphismGroup(G);
<group of size 8 with 3 generators>
gap> IsAutomorphismGroup(A);
true
gap> A:=Action(A, AsList(A), OnRight);        # 右乘作用
Group(
[(1,4,6,7)(2,3,5,8), (1,6)(2,5)(3,8)(4,7),
 (1,2)(3,7)(4,8)(5,6)])
```

- IsomorphismGroups (G, H) # 有返回值

  返回群 G 与群 H 之间的一个同构映射. 如果这两个群不同构, 则返回 fail.

  例 4.7.29
```
gap> G:=Group((1,2,3,4), (1,3));;
gap> H:=Group((1,4,6,7)(2,3,5,8), (1,5)(2,6)(3,4)(7,8));;
gap> IsomorphismGroups(G, H);
[(1,2,3,4), (1,3)]->[(1,4,6,7)(2,3,5,8), (1,2)(3,7)(4,8)(5,6)]
gap> IsomorphismGroups(G, Group((1,2,3,4), (1,2)));
fail
```

- GL (d, q) # 有返回值

  返回一般线性群, 它同构于 q 元域上 $d \times d$ 可逆矩阵群.

- SL (d, q) # 有返回值

  返回特殊线性群, 它同构于 q 元域上行列式为 1 的 $d \times d$ 矩阵群.

- PGL (d, q) # 有返回值

返回一般射影线性群, 它是 GL(d, q) 模其中心的商群.

- PSL (d, q) # 有返回值

返回特殊射影线性群, 它是 SL(d, q) 模其中心的商群.

第 8 节 作用与置换类

本节约定群 G 作用在集 Ω 上, G 的元素用 g, h 等表示, Ω 的元素用 α, β 等表示, α 被 g 作用后的元记作 α^g, Ω 的子集 Δ 被 g 作用后的集记作 Δ^g.

- OnPoints (α, g) # 有返回值

返回 α 被 g 作用后的元 α^g.

- OnRight (α, g) # 有返回值

返回 α 被 g 右乘作用后的元 $\alpha * g$.

- OnLeftInverse (α, g) # 有返回值

返回 α 被 g^{-1} 左乘作用后的元 $g^{-1} * \alpha$.

- OnSets (Δ, g) # 有返回值

返回子集 Δ 被 g 作用后的集 $Set(\Delta^g)$ (排序).

- OnTuples (Δ, g) # 有返回值

返回表 Δ 被 g 作用后的表 Δ^g (不排序).

- OnPairs (Δ, g) # 有返回值

操作基本同于 OnTuples ( ), 但要求表 Δ 的长是 2.

- Orbit (G, α) # 有返回值

返回元素 α 在群 G 作用下的轨道 α^G.

- Orbit $(G, \Delta$, OnTuples$)$ # 有返回值

返回一个表, 形如 $\{ \Delta^g \mid g \in G \}$.

注 “OnTuples” 可以换成 “OnSets”, 但要求 Δ 是集, 并且 $\{\Delta^g \mid g \in G\}$ 中只出现是集的元素.

- OrbitLength (G, α) # 有返回值

返回 $|\{\Delta^g \mid g \in G\}|$.

- OrbitLength (G, Δ, OnTuples) # 有返回值

  返回元素 α 在群 G 作用下的轨道长 $|\alpha^G|$.

- Orbits (G, Ω) # 有返回值

  返回一个表, 以群 G 作用在 Ω 上的全体轨道为元素.

  例 4.8.1
```
gap> G:=Group((1,3,2), (2,4,3));;  # 生成A4
gap> Orbit(G,1);
[1, 3, 2, 4]
gap> Orbit(G,[1,2],OnTuples);
[[1, 2], [3, 1], [1, 4], [2, 3], [2, 1], [3, 4],
 [1, 3], [4, 2], [4, 1], [2, 4], [3, 2], [4, 3]]
gap> OrbitLength(G,[1,2],OnTuples);
12
gap> Orbit(G,[1,2],OnSets);
[[1, 2], [1, 3], [1, 4], [2, 3], [3, 4], [2, 4]]
gap> OrbitLength(G,[1,2],OnSets);
6
gap> Orbits(G,[1..5]);
[[1, 3, 2, 4], [5]]
```

- Stabilizer (G, α) # 有返回值

  返回元素 α 在群 G 中的点稳定子 G_α.

- Stabilizer (G, Δ, OnTuples) # 有返回值

  返回群 G 关于表 Δ 的点不动子群 $G_{(\Delta)}$.

- Stabilizer (G, Δ, OnSets) # 有返回值

  返回群 G 关于表 Δ 的集不变子群 $G_{\{\Delta\}}$.

  例 4.8.2
```
gap> G:=Group((1,3,2),(2,4,3));
gap> Stabilizer(G,4);
Group([(1,3,2)])
gap> Stabilizer(G,[1,2],OnSets);
Group([(1,2)(3,4)])
gap> Stabilizer(G,[1,2],OnTuples);
Group(( ))
```

- Action $(G, \Delta, \text{OnRight})$ # 有返回值

返回群 G 右乘作用在表 Δ 上得到的置换群.

例 4.8.3
```
gap> G:=SymmetricGroup(4);
Sym([1 ..4])
gap> H:=SymmetricGroup(3);
Sym([1 ..3])
gap> IsSubgroup(G,H);                          # H是否是G的子群
true
gap> Action(G,AsList(G),OnRight);              # 群G的右正则表示R(G)
Group([(1,10,17,19)(2,9,18,20)(3,12,14,21)(4,11,13,22)(5,7,16,23)
 (6,8,15,24),(1,7)(2,8)(3,9)(4,10)(5,11)(6,12)(13,15)(14,16)
 (17,18)(19,21)(20,22)(23,24)])
gap> Action(G,AsList(RightCosets(G,H)),OnRight);
Group([(1,2,3,4), (2,3)])                      # G在H上的置换表示P(G)
```

- FactorCosetAction (G, H) # 有返回值

返回群 G 右乘作用在子群 H 的陪集全体 $[G : H]$ 上得到的置换群, 即 G 在 H 上的置换表示.

- IsTransitive (G, Ω) # 有返回值

判断群 G 作用在集 Ω 上是否传递.

- Transitive (G, Ω) # 有返回值

返回群 G 作用在集 Ω 上是几重传递的. 若返回 0 则表示不传递.

例 4.8.4
```
gap> G:=Group((1,3,2),(2,4,3));; # 生成A4
gap> IsTransitive(G,[1..5]);
false
gap> Transitivity(G,[1..4]);
2                                              # 2重传递
```

- NrTransitiveGroups (n) # 有返回值

返回 n 级传递群的个数.

- TransitiveGroup (n, k) # 有返回值

返回第 k 个 n 级传递群.

例 4.8.5

```
gap> NrTransitiveGroups(4);      # 返回4级传递群的个数
5
gap> TransitiveGroup(4, 1);
C(4) = 4
gap> GeneratorsOfGroup(last);    # 返回生成元集
[(1,2,3,4)]
gap> TransitiveGroup(4, 5);
S4
gap> GeneratorsOfGroup(last);    # 返回生成元集
[(1,2,3,4), (1,2)]
```

- IsRegular (G, Ω) # 有返回值

  判断群 G 作用在集 Ω 上是否正则.

- IsSemiRegular (G, Ω) # 有返回值

  判断群 G 作用在集 Ω 上是否半正则.

- IsPrimitive (G, Ω) # 有返回值

  判断群 G 作用在集 Ω 上是否本原.

- Blocks (G, Ω) # 有返回值

  返回群 G 作用在集 Ω 上的一个最小非平凡块系.

例 4.8.6

```
gap> G:=TransitiveGroup(8,3);;
gap> Blocks(G,[1..8]);
[[1, 8], [2, 3], [4, 5], [6, 7]]
```

- MovedPointPerm (⟨置换⟩) # 有返回值

  返回被该置换变动的点集.

- NrMovedPointPerm (⟨置换⟩) # 有返回值

  返回被该置换变动的点数.

- SmallestMovedPointPerm (⟨置换⟩) # 有返回值

  返回被该置换变动的最小点.

- LargestMovedPointPerm (⟨置换⟩) # 有返回值

  返回被该置换变动的最大点.

例 4.8.7
```
gap> SmallestMovedPointPerm((4,5,6)(7,2,8));
2
gap> LargestMovedPointPerm((4,5,6)(7,2,8));
8
gap> NrMovedPointsPerm((4,5,6)(7,2,8));
6
gap> MovedPoints([(2,3,4),(7,6,3),(5,47)]);
[2, 3, 4, 5, 6, 7, 47]
gap> NrMovedPoints([(2,3,4),(7,6,3),(5,47)]);
7
gap> SmallestMovedPoint([(2,3,4),(7,6,3),(5,47)]);
2
gap> LargestMovedPoint([(2,3,4),(7,6,3),(5,47)]);
47
gap> LargestMovedPoint([( )]);
0
```

- IsPermGroup (G) # 有返回值

  判断 G 是否是置换群.

- SignPerm (⟨置换⟩) # 有返回值

  返回被该置换的符号, 其中偶置换返回 1, 奇置换返回 -1.

- SmallestGenezatorPerm (⟨置换⟩) # 有返回值

  返回这样一个最小置换, 它生成给定置换所生成的循环群.

- ListPerm (⟨置换⟩) # 有返回值

  返回表 $[1..n]^{\langle 置换\rangle}$, 其中 n :=LargestMovedPoint (⟨置换⟩).

- PermList (⟨表⟩) # 有返回值

  它是 ListPerm ( ) 的反函数, 即它返回一个置换, 满足 $[1..n]^{\langle 置换\rangle}$ =⟨所给的表⟩.

例 4.8.8
```
gap> ListPerm((3,4,5));
[1, 2, 4, 5, 3]
gap> PermList([1,2,4,5,3]);
(3,4,5)
```

例 4.8.9 生成一个 997 阶的单轮换 $(1,2,\cdots,997)$.

如果要生成阶数较小的单轮换, 比如 $P:=(1,2,3)$, 直接写就行了. 但如果要生成阶数较大的单轮换, 还直接写就不现实了. 可参考如下办法:

```
gap> P:=[2..997];
[2..997]
gap> Add(P, 1);
gap> P:=PermList(P);
(1,2,···,997)
```

- Sortex (⟨表⟩)　　　　# 有返回值

将表接升序排列 (原表改变), 并返回重排所对应的置换.

- SortingPerm (⟨表⟩)　　　　# 有返回值

操作基本同于 Sortex ( ), 但不改变原表.

例 4.8.10
```
gap> Sortex([1.7]);        # 对已升序排列的表, 不需要重排
( )
gap> L:=[5,4,6,1,7,5];;
gap> L1:=ShallowCopy(L);;
gap> P:=Sortex(L);
(1,3,5,6,4)
gap> L;
[1, 4, 5, 5, 6, 7]
gap> Permuted(L1, P);
[1, 4, 5, 5, 6, 7]
gap> P1:= SortingPerm(L1);
(1,3,5,6,4)
gap> L1;
[5, 4, 6, 1, 7, 5]
gap> Permuted(L1, P1);
[1, 4, 5, 5, 6, 7]
```

- PermListList (⟨表 1⟩, ⟨表 2⟩)　　　　# 有返回值

返回表 2 按表 1 重排所对应的置换 (表 2 不变), 即满足

$$表\ 1[i^{\langle 置换\rangle}] = 表\ 2[i].$$

例 4.8.11
```
gap> L1:=[5,4,6,1,7,5];;
gap> L2:=[4,1,7,5,5,6];;
gap> P:=PermListList(L1, L2);
(1,2,4)(3,5,6)
gap> Permuted(L2, P)=L1;
true
```

- RestrictedPerm (⟨置换⟩, Δ) # 有返回值

  返回群置换限制在其不变集 Δ 上的成分, 即 $\langle置换\rangle^{\Delta}$.

例 4.8.12
```
gap> RestrictedPerm((1,2)(3,4),[3..5]);
(3,4)
```

CHAPTER 5

第5章 编　程

GAP 的运行有“**单命令方式**”和“**程序方式**”两种. 之前介绍的都是单命令方式, 即在 **GAP** 环境下一个接一个地输入并执行 **GAP** 的命令或语句. 单命令方式适合做简单的 **GAP** 计算和操作, 但不适合做大型的计算, 更无法实现复杂的算法; 程序方式是将 **GAP** 的命令或语句先编写 **GAP** 程序, 然后以文件形式保存到磁盘, 以后只要在 **GAP** 环境下打开并运行该程序文件, 即可依次执行程序中的 **GAP** 的命令或语句. 因此**编程**可以一次编写, 任意次使用 (即**一劳永逸**). 更为重要的是, 编程可以通过控制语句来设计和实现复杂的算法. 总之, 用户若要有效运用 **GAP**, 就必须下工夫学好 **GAP** 的编程.

第 1 节　程 序 文 件

一、 GAP 程序文件的建立

GAP 程序文件必须是文本文件格式! 用户可用 Windows 的**记事本** (不要用 Word) 编写 **GAP** 程序. **GAP** 对程序文件名没有额外的要求, 用户在选取文件名时可参考之前我们对变量名的要求.

为了增加可读性, **GAP** 程序也有注释, 并以井号“#”引导, 即“#”之后的文字为注释. **GAP** 程序不会执行注释部分.

例 5.1.1　编写一个名为“g001”的 **GAP** 程序如下:

```
# g001
G:=Group((1,2),(1,2,3,4,5));      # 对称群S5
C:=CommutatorSubgroup(G,G);       # 换位子群[G,G]
```

```
D:=DerivedSubgroup(G);           # 导群G'
N:=NrConjugacyClasses(G);        # 共轭类数
Print("\nG的阶:", Size(G), ", 导群的阶: ", Size(D), "\n\n");
Print("换位子群是否是导群: ", C=D, ", 共轭类数: ", N, "\n\n");
#
```

注 与单命令方式不同的是, **GAP** 程序不会在屏幕输出有返回值的命令. 用户需要通过输出命令将运行结果输出到屏幕或文件.

二、 GAP 程序文件的运行

运行 **GAP** 程序有以下几种方式:

1. 在 **GAP** 环境下运行, 命令格式如下:

gap> Read("程序文件名");

例 5.1.2 接例 5.1.1, 在 **GAP** 环境下运行 **GAP** 程序 g001:

```
gap> Read("g001");
G 的阶: 120, 导群的阶: 60
换位子群是否是导群: true, 共轭类数: 7
gap>
```

2. 在启动 **GAP** 的时候运行, 命令格式如下:

⟨GAP 软件系统所在的文件夹⟩\bin\gap ⟨程序文件名⟩

比如

D:\GAP4.4\bin\gap g001

3. 用户也可以把近期反复用到的程序文件取名为 "gap.rc", 因为 **GAP** 每次启动都会先运行这个文件 (如果它存在).

注 程序文件必须放在当前文件夹, 否则 **GAP** 会提示找不到该文件.

例 5.1.1提供的 **GAP** 程序是自上而下的顺序结构. 若要使程序能实现复杂的算法, 就必须有效地运用**控制语句**.

第 2 节 控制语句

GAP 通过**控制语句**来改变程序的顺序结构, 它形成新的程序结构, 从而实现复杂的算法. 以下我们分别介绍 **GAP** 程序的**选择结构**和**循环结构**.

一、 选择语句和选择结构

选择语句 "if ⋯ then ⋯ fi;" 使程序在执行时 "**懂得思考**"! 它通过判断所给**条件**的真伪来选择可执行的语句组. **选择结构**是 "if ⋯ fi;" 包围的部分. 选择语句有如下格式.

1. 格式 1

if ⟨条件表达式⟩ then
 ⟨语句组;⟩
fi;

先判断**条件表达式**的值, 只当**条件表达式**的值真(true)时才执行所给的**语句组**.

例 5.2.1

```
if n>=60 then
Print( "及格.\n" );
fi;
#
```

2. 格式 2

if ⟨条件表达式⟩ then
 ⟨语句组 1;⟩
else
 ⟨语句组 2;⟩
fi;

先判断**条件表达式**的值:

(1) 当**条件表达式**的值真 (true) 时则执行所给的**语句组 1**;

(2) 当**条件表达式**的值伪 (false) 时则执行所给的**语句组 2**.

例 5.2.2

```
if n>=60 then
 Print ( "及格.\n" );
else
 Print( "不及格.\n" );
fi;
#
```

3. 格式 3

if 〈条件表达式 1〉 then

〈语句组 1;〉

elif 〈条件表达式 2〉 then

〈语句组 2;〉

⋮

elif 〈条件表达式 n〉 then

〈语句组 n;〉

else

〈语句组 $n+1$;〉

fi;

自上而下进行判断, 并且

(1) 当条件表达式 $k\,(k \leqslant n)$ 的值真 (true) 时, 不再判断后续条件, 而只执行**语句组 $\boldsymbol{k}$**;

(2) 当前 n 个条件表达式的值都伪 (false) 时则执行所给的**语句组 $\boldsymbol{n+1}$**.

例 5.2.3

```
if n<60 then
 Print("不及格.\n");
elif n<70 then
 Print("及格.\n");
elif n<80 then
 Print("中.\n");
elif n<90 then
 Print("良.\n");
else
 Print("优.\n");
fi;
#
```

例 5.2.4 任取 5 次对称群 $\boldsymbol{S}_5$ 的一个极大子群 M, 再判断 M 的性质.

```
#
G:=SymmetricGroup(5);                  # 生成 S5
M:=Random(MaximalSubgroups(G));        # 随机取G的一个极大子群M
if IsCyclic(M) then
```

```
 Print("G的这个极大子群是循环群!\n");
elif IsAbelian(M) then
 Print("G的这个极大子群是交换群!\n");
elif IsNilpotent(M) then
 Print("G的这个极大子群是幂零群!\n");
elif IsSupersolvable(M) then
 Print("G的这个极大子群是超可解群!\n");
elif IsSolvable(M) then
 Print("G的这个极大子群是可解群!\n");
else
 Print("G的这个极大子群是非可解群!\n");
fi;
#
```

4. 格式 4

if ⟨条件表达式 1⟩ then
  ⟨语句组 1;⟩
elif ⟨条件表达式 2⟩ then
  ⟨语句组 2;⟩
  ⋮
elif ⟨条件表达式 n⟩ then
  ⟨语句组 n;⟩
fi;

与格式 3 类似! 但由于缺了 “else ⟨语句组 $n+1$⟩ ”, 所以当前 n 个条件表达式的值都伪 (false) 时, 将没有语句组被执行.

注 (1) 之所以使用选择语句, 是因为用户在编程时, **并不知道条件表达式的真伪!** 仅当程序运行到这个结构时才能做出判断, 也才能选择执行 (或不执行) 相应的语句组.

(2) 格式 1 和格式 4 至多有一个语句组可能被执行, 所以也可能没有语句组被执行; 格式 2 和格式 3 的语句组中有且仅有一个语句组被执行.

二、 循环语句和循环结构

循环语句 “for/while ⋯ do ⋯ od;” 使程序可以 “**不厌其烦**” 地重复一批操作

(每次操作的数据可能不同). **循环结构**是 “for/while ⋯ od;” 包围的部分. 循环语句有如下格式.

1. 格式 1

for ⟨变量⟩ in ⟨表⟩ do
 ⟨语句组;⟩
od;

(1) **变量**依次取**表**中各元素, 取完为止;

(2) **变量**每取**表**中一个元素后就执行所给的语句组一次, 从而实现循环效果.

例 5.2.5 输出 1, 2, ⋯ , 10.

```
for i in [1..10] do
 Print(i, “\n” );      # 重复一个输出操作, 但每次输出的i值不同
od;
#
```

2. 格式 2

while ⟨条件表达式⟩ do
 ⟨语句组;⟩
od;

重复执行所给的语句组, 但每次先判断**条件表达式**的值:

(1) 当**条件表达式**的值真 (**true**) 时, 则执行所给的语句组, 然后返回 “**while**” 所在行继续判断**条件表达式**的值, 从而实现循环效果.

(2) 当**条件表达式**的值伪 (**false**) 时, 则不执行所给的语句组, 跳出本循环结构.

注 (1) 如果一开始**条件表达式**的值就伪 (**false**), 则所给的语句组一次也不被执行;

(2) 如果**条件表达式**的值每次都是真 (**true**) 的, 则所给的语句组就一直被执行着, 即 “**死循环**” (除非用 “**强制命令**” 跳出).

例 5.2.6 输出 1, 2, ⋯ , 10.

```
i:=1;
while i<=10 do
 Print(i, “\n” );             # 重复一个输出操作, 但每次输出的i值不同
 i:=i+1;                      # i值每次增1. 若缺此语句将导致“死循环”
od;
```

#

3. 格式 3

repeat
 ⟨语句组;⟩
until ⟨条件表达式⟩;

与格式 2 类似. 但每次先执行所给的语句组, 然后才判断**条件表达式**的值. 并且与格式 2 不同是:

(1) 当**条件表达式**的值伪 (**false**) 时, 则继续循环;

(2) 当**条件表达式**的值真 (**true**) 时, 则跳出循环.

注 (1) 所给的语句组至少被执行一次;

(2) 如果**条件表达式**的值每次都是伪 (**false**) 的, 则所给的语句组就一直被执行着, 即 "**死循环**";

(3) **条件表达式**要以分号 ";" 结尾.

例 5.2.7 输出 1, 2, ⋯ , 10.

```
i:=1;
repeat
 Print(i, "\n");          # 重复一个输出操作, 但每次输出的i值不同
 i:=i+1;                  # i值每次增1. 若缺此语句将导致"死循环"
until i>10;               # 直到i>10时才跳出循环. 要以分号结尾
#
```

4. 用于循环的两个**强制命令**

(1) break;

强行跳出循环;

(2) continue;

提前结束本次循环, 即不执行后边的语句, 提前返回去做下一轮循环的判断.

例 5.2.8 输出 1, 2, ⋯ , 10.

```
i:=1;
while true do             # 条件表达式的值恒为真(true)
 Print(i, "\n");          # 重复一个输出操作, 但每次输出的i值不同
 i:=i+1;
 if i>10 then
```

```
 break;                      # 当i>10时强行跳出循环, 即不会出现"死循环"
 fi;
od;
#
```

例 5.2.9 输出 1, 2, ⋯ , 10.

```
for i in [1..20] do         # i从1到20依次取值
 if i>10 then
  continue;                 # 但当i>10时不再执行后边的语句
 fi;
 Print(i, "\n" );           # 重复一个输出操作, 但每次输出的i值不同
od;
#
```

注 选择结构、循环结构自己之间和彼此之间可以嵌套使用, 如上例 5.2.8 和例 5.2.9.

第 3 节 自定义函数

一、 定义自己的函数

用户可以根据需要定义自己的函数 (即子程序).

编写函数内的语句与之前介绍的编程基本一样, 不同是要处理好**变量**和**返回值**.

1. 函数内部用到的变量可以是**全程变量** (在函数之外已定义的变量), 也可以是**参数变量** (也叫 " **入口参数**", 在调用本函数时负责接收传过来的自变量值), 还可以是仅供函数内部使用的**局部变量**. 定义局部变量的格式如下:

local ⟨局部变量 1⟩, ⟨局部变量 2⟩, ⋯ , ⟨局部变量 m⟩;

2. 函数如果有返回值 (也叫 " **出口参数** "), 可用如下格式:

return ⟨返回值;⟩

二、 自定义函数的格式

⟨函数名⟩ := function([⟨参数变量 1⟩, ⟨参数变量 2⟩, ⋯ , ⟨参数变量 n⟩])

[local ⟨局部变量 1⟩, ⟨局部变量 2⟩, ⋯ , ⟨局部变量 m⟩;]

⟨语句组;⟩

```
[return ⟨表达式;⟩]                # 返回表达式的值
end;                              # 函数结束语句, 不能缺
```

注 (1) 自定义函数可以没有**入口参数**. 但如果有入口参数, 就必须在定义时都列在**括弧**里, 并且入口参数的个数要与调用本函数时所提供的参数 (自变量) **个数一致**.

(2) 全程变量可以在自定义函数内部使用并可以被修改. 但如果全程变量与自定义函数内部的局部变量同名, 则程序在这个函数内部运行时, 该全程变量暂时被屏蔽, 直至退出这个函数才恢复.

(3) 局部变量只能在定义它的函数内部使用, 一旦退出定义它的函数, 该局部变量立即失效. 局部变量不怕与全程变量同名, 因为在函数内部局部变量怎么改变都不会影响同名的全程变量.

(4) 自定义函数可以没有返回值, 也可以使用没有返回值的 "return;" 语句.

(5) 用户也可以定义参数个数不定的自定义函数, 格式如下:

⟨函数名⟩ := function (arg)

在函数内部, 可用 arg[1], arg[2], ⋯ 分别表示第 1, 2, ⋯ 个参数, 进一步还可用 IsBound(arg[i]) 的真伪值来判断调用时是否提供了第 i 个参数.

例 5.3.1 编写自定义函数 "f001( )", 它没有参数, 也没有返回值, 只输出 "1234abcd".

```
# f001
f001:=function( )                # 定义一个名叫"f001"的无参数函数
Print("1234abcd\n");
end;                             # 函数结束语句, 不能缺
#
```

例 5.3.2 # f002

```
f002:=function( )                # 定义一个名叫"f002"的无参数函数
local a;                         # 定义a为局部变量
a:=0; b:=b-10;                   # 因b未定义为局部变量, 故视为全程变量
end;                             # 函数结束, 无返回值
#
```

接着调用这个自定义函数:

```
gap> a:=20; b:=20;               # 这时a和b都是全程变量
20
```

```
20
gap> f002();                    # 调用自定义函数f002( )
gap> a; b;
20                    # a与函数内部的局部变量同名，被屏蔽，故未被改变
10                    # b未被屏蔽，故调用函数后被改变
```

三、 自定义函数的读入

自定义函数在调用前必须**先读入 GAP**，有如下方式：

(1) 自定义函数可以与程调用它的序放在同一个文件里，但自定义函数要放在程序的前面，以便在运行程序之前先读入自定义函数;

(2) 自定义函数可以独立成一个文件，但在调用之前必须先运行这个文件，以便读入该自定义函数;

(3) 用户可以把多个自定义函数自上而下地编排在一个文件里，一旦运行这个文件，便可读入其中所有自定义函数;

(4) 反复用到的自定义函数也可以放在文件 gap.rc 里，因为 **GAP** 每次启动都会先运行 gap.rc 这个文件 (如果它存在).

例 5.3.3 编写一个名为 "g002" 的 **GAP** 程序，它包括自定义函数 "NrInvolutios(G)"，参数 G 将是给定的一个群，返回值要求是这个群的对合的个数. 然后调用这个函数来求对称群 S_5 的对合的个数.

```
# g002
NrInvolutions:=function(G)          # 定义一个一元函数，G是参数变量
local n, g;                         # 定义两个局部变量
n:=0;                               # 用来累计对合的个数，现暂为0
for g in G do                       # g取遍G中元素
 if Order(g)=2 then
  n:=n+1;                           # 是对合则统计一次
  fi;
od;
return n;                           # 返回对合的个数
end;                                # 自定义函数到此结束
#
S:=SymmetricGroup(5);               # 5次对称群S5
Print(NrInvolutions(S), "\n\n"); # 输出对合个数
```

```
#
```

四、 输出 (查看) 已读入的自定义函数

格式如下:

Print (⟨自定义函数名⟩, "\n\n");

五、 自定义函数之间可以相互调用, 也可以自己调用自己 (即递归调用)

例 5.3.4 编写自定义函数 "f003(n)", 参数 n 将是给定的一个正整数, 返回值是

$$n+(n-1)+\cdots+2+1.$$

```
# f003
f003:=function(n)                    # 定义函数, n是参数变量
if n<=1 then
  return 1;                          # 确保f003(1)=1
fi;
return n+f003(n-1);                  # 调用自己, 并假设f003(n-1)已正确
end;
#
```

注 (1) **递归调用**必须有中止的时刻! 否则函数会无限次地调用自己, 最后**死机!** 比如例 5.3.4 中, 每次调用自己时, 参数换成 $n-1$, 即参数在递减. 而当参数 $n \leqslant 1$ 时, 调用就会中止.

(2) 递归调用的算法设计可根据**数学归纳法原理**, 即先确保函数当 $n=1$ 时正确, 然后再利用函数在 $n-1$ 正确的假设来确保函数对 n 也正确. 比如例 5.3.4 中, 显然函数当 $n=1$ 时正确, 即 f003 (1) = 1. 然后假设函数在 $n-1$ 正确, 即假设已有 f003 $(n-1)=(n-1)+(n-2)+\cdots+2+1$, 这时只需令 f003 $(n)=n+$ f003 $(n-1)$ 就确保了 f003 $(n)=n+(n-1)+\cdots+2+1$.

(3) **递归**能实现**循环**难以实现乃至无法实现的算法, 但递归会占用较多的**堆栈**资源, 所以若对循环容易解决的问题就不要用递归.

第 4 节 常见逻辑错误

用户在编程时, 有时客观做的和主观想的不一致, 就容易导致**逻辑错误**. 逻辑错误有时不容易被发现和排除, 这是因为带着逻辑错误的程序往往能照常运行, 但

操作的结果却是错的.

一、 循环结构的错误

用户可能未注意修改循环内部的参数, 造成“死循环”等逻辑错误.

二、 语句的先后顺序错误

有时两个语句谁先谁后并不影响结果, 但也有些时候两个语句的先后顺序是不能弄错的, 特别是在递归结构里 (参见**例 6.1.2**).

三、 逻辑错误的一些排除办法

(1) 在程序的一些关键位置临时加入“Print( );”语句, 以测试程序是否执行到此处, 或测试输出的参数是否是意料中的值.

(2) 用“if false then $\cdots$ fi;”结构屏蔽程序中一些关键语句, 以分析屏蔽后程序的运行情况.

CHAPTER 6

第6章 实　例

用户要活用 **GAP**, 必须做到: ① 充分利用 **GAP** 的函数; ② 有效开发自己的函数; ③ 科学设计自己的程序.

以下提供一批实例供读者参考.

第1节　算　术　类

例 6.1.1　每行 10 个输出前 100 个素数.

```
#
p:=2;                       # 第一个素数
for i in [1..100] do
 Print(p);
 if i mod 10=0 then
  Print( "\n" );            # 输满10个换行
 else
  Print( "," );             # 不足10个不换行, 用逗号分隔
 fi;
 p:=NextPrimeInt(p);        # 换下一个素数
od;
#
```

例 6.1.2　试用递归算法编一函数, 将给定的 10 进制数从右至左按位输出, 即依次输出它的个位, 十位, 百位, $\cdots$.

```
#
f004:=function(n)           # 定义一个名叫"f004"的函数, 入口参数为n
```

```
if n<10 then
 Print(n, "\n" );          # 中止时刻!
else
 Print(n mod 10, "\n" ); # 输出个位数
 f004(Int(n/10)); # 原数除10再取整(即划掉个位数), 然后拿去递归调用
fi;
end;                       # 函数结束语句, 不能缺
#
```

注 如果对调上例后边两个语句的顺序, 则输出的结果将是从左至右:

```
f004_:=function(n)         # 定义一个名叫"f004_"的函数, 参数为n
if n<10 then
 Print(n, "\n" );          # 中止时刻!
else
 f004_(Int(n/10)); # 原数除10再取整, 相当于划掉个位数, 然后递归调用
 Print(n mod 10, "\n" ); # 输出个位数
fi;
end;
#
```

例 6.1.3 试编一个函数计算 $\sum_{i=1}^{n}\frac{3^i}{i!}$, 其中 n 在调用本函数时作为入口参数提供.

```
#
f005:=function(n)          # 定义一个名叫"f005"的函数, 参数为n
local i,s,t;               # 定义3个局部变量
s:=0;                      # 用来累计部分和, 现暂为0
t:=1;                      # 用来表示一般项, 现暂为1
for i in [1..n] do
 t:=t*(3/i);               # 通过累乘得第i次一般项
 s:=s+t;                   # 通过累加得第i次部分和
od;
return s;                  # 有返回值, 即返回n次部分和
end;
#
```

例 6.1.4 试编一函数将一个十进制数转换为二进制数.

注 一个 l 位二进制数 $a_l a_{l-1} \cdots a_2 a_1$ 的十进制值 $n = 2^{l-1}a_l + 2^{l-2}a_{l-1} + \cdots + 2a_2 + a_1$, 则对 n 先模 2, 得 a_1; 除 2 取整后再模 2, 又得 a_2; $\cdots$.

```
#
DecimalToBinary:=function(m)
local b,i,n;
n:=AbsInt(m);          # 原十进制数取绝对值
i:=1;  # 将循环地从右至左逐位求这个二进制数，用i表示当前位的二进制值
b:=0;                  # 用来存放二进制数，现暂为0
while true do
 if (n mod 2)=1 then # 若二进制数当前位等于1
  b:=b+i;              # 则累加当前位的二进制值
 fi;
 if n < 2 then
  break;               # 只剩一位，跳出循环
 fi;
 n:=Int(n/2);          # 除2后取整，然后进入下一轮循环
 i:=i*10;
od;
return b*SignInt(m); # 求得十进制数加上符号后返回
end;
#
```

例 6.1.5 试编一函数将一个二进制数转换为十进制数.

注 将上例中 2 与 10 对调即可.

```
#
BinaryToDecimal:=function(m)
local b,i,n;
b:=AbsInt(m);                 # 原二进制数取绝对值
i:=1;                         # 用来表示当前位的十进制值
n:=0;                         # 用来存放十进制数，现暂为0
while true do
 if (b mod 10)>1 then         # 二进制数当前位大于1，则出错
 Print( “Enter Error!\n” );
 return 0;                    # 输入出错，返回0值
```

```
elif (b mod 10)=1 then      # 若当前位等于1
 n:=n+i;                    # 则累加当前位的十进制值
 fi;
 if b < 10 then
  break;                    # 只剩一位，跳出循环
 fi;
 b:=Int(b/10);    # 除10后取整(即划掉最右边一位)，然后进入下一轮循环
 i:=i*2;
od;
return n*SignInt(m);        # 求得十进制数加上符号后返回
end;
#
```

例 6.1.6 试编一函数将所给偶数分解为两个素数之和 (即验证哥德巴赫猜想).

```
#
Check_Goldbach_Conjecture:=function(n)
local p;
 if IsOddInt(n) or n<4 then       # 所给的数是奇数或小于4
  Print( "Enter Error!\n" );      # 提示输入出错
  return;
 fi;
 p:=PrevPrimeInt(n);              # 比n小的第一个素数
while p>=n/2 do
 if IsPrime(n-p) then             # 如果p与n-p都是素数
  Print(n, "=" , n-p, "+" , p, "!\n" );# 猜想正确
  return;
 fi;
 p:=PrevPrimeInt(p);              # 如果不行，就换一个更小的素数
od;
Print( "The conjucture is wrong!\n" );
                                  # 该偶数不能分解为两个素数之和
end;
#
```

例 6.1.7　汉诺 (Hanoi) 塔问题: 台上有 A, B, C 三根杆. A 杆串着 n 个上小下大直径不等的圆环 (如下图). 现要借助 B 杆过渡, 把 A 杆的 n 个圆环移到 C 杆, 要求每次只移动一个圆环, 并且各杆始终保持大圆环在下, 小圆环在上.

试利用递归算法编程解决汉诺塔问题, 并输出移动的具体步骤.

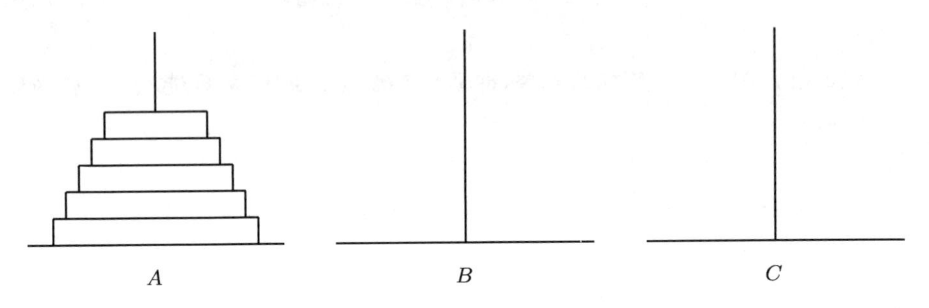


```
#
Hanoi:=function(n, X, Y, Z)
if n=1 then
 Print(X, "->" , Z, "\n" ); # 若数量为1, 则直接从X杆将这圆环移到Z杆
else                        # 当数量大于1, 需要递归调用
 Hanoi(n-1, X, Z, Y);       # 借助Z杆暂把X杆上边n-1个圆环移到Y杆
 Print(X, "->" , Z, "\n" ); # 把最下边的圆环从X杆移到Z杆
 Hanoi(n-1, Y, X, Z);       # 再借助X杆把Y杆上边n-1个圆环移到Z杆
fi;
end;
#
```

注　(1) 若要将 A 杆 2 个圆环移到 C 杆, 可按如下格式调用上述函数:

```
Hanoi(2, 'A' , 'B' , 'C' );
```

执行后将输出如下结果:

```
 'A' -> 'B'
 'A' -> 'C'
 'B' -> 'C'
```

(2) 若要将 A 杆 3 个圆环移到 C 杆, 可按如下格式调用 Hanoi( ) 函数:

```
Hanoi(3, 'A' , 'B' , 'C' );
```

执行后将输出如下结果:

```
 'A' -> 'C'
```

```
‘A’ -> ‘B’
‘C’ -> ‘B’
‘A’ -> ‘C’
‘B’ -> ‘A’
‘B’ -> ‘C’
‘A’ -> ‘C’
```

第2节 群　类

例 6.2.1 生成一个 21 亚循环群 G, 并求它的右正则表示 $R(G)$.

```
f:=FreeGroup( “a” , “b” ); a:=f.1; b:=f.2; # 先生成自由群
G:=f/[a^3, b^7, a^-1*b*a*b^-2];          # 模去生成关系即得到所要的群
gens:=GeneratorsOfGroup(G);              # 取G生成子集
a:=gens[1]; b:=gens[2];                  # 重新定义生成元
Print(Size(G), “\n” , Elements(G), “\n” ); # 输出群阶及元素
RG:=Action(G, AsSet(G), OnRight);        # 群G的右正则表示R(G)
Print(Elements(RG), “\n” );              # 输出元素
```

例 6.2.2 试编一函数, 返回群 G 最大阶元的阶.

```
#
MaximumdOrder:=function(G)
return Maximum(List(AsList(G), Order));
end;
#
```

例 6.2.3 试编一函数, 判断群 G 是否有存在 n 阶元.

```
#
IsOrder:=function(G, n)
return ForAny(G, x->Order(x)=n);
end;
#
```

例 6.2.4 试编一函数, 返回群 G 的一个 n 阶元. 如果 G 不存在 n 阶元, 则返回伪 (false).

```
#
GetOrder:=function(G, n)
```

```
local g;
g:=First(G, x->Order(x)=n);              # 取G的第一个n阶元
if g in G then                           # 在G中能取到n阶元
 Print(g, "\n" );
 return g;                               # 在G中能取到，则返回真值
fi;
Print( "No element with order" , n, "!\n" );
return false;                            # 在G中不能取到，则返回伪值
end;
#
```

例 6.2.5 试编一函数, 返回群 G 的 Sylow p 子群全体.

```
#
SylowSubgroups:=function(G, p)
local P,C,B,g;
P:=SylowSubgroup(G, p)                   # 取G的一个Sylow p子群
C:=RightCosets(G, Normalizer(G, P));
C:=List(C, Representative);
B:=[ ];
for g in C do
 AddSet(B, ConjugateSubgroup(P, g));
od;
return B;
end;
#
```

例 6.2.6 试编一函数, 返回群 G 的 Sylow p 子群个数.

```
#
NrSylowSubgroups:=function(G, p)
return Index(G, Normalizer(G, SylowSubgroup(G, p)));
end;
#
```

例 6.2.7 在对称群 S_8 内构造 168 阶单群.

```
S8:=SymmetricGroup(8);
G:=Subgroup(S8, [(1,2,3,4,5,6,7), (2,3,5)(4,7,6),
                 (1,2)(3,4)(5,7)(6,8)]);
```

```
N:=Normalizer(S8, G);
Print(Size(G), ",", Size(N), "\n");
Print(IsSimple(G), ",", IsPrimitive(G, [1..8]), "\n");
```

例 6.2.8 计算 Mathieu 单群 M_{11} 的阶、共轭类个数, 以及各阶元个数.

```
#
M11:=MathieuGroup(11);                  # 生成M11
Print( "The order of M11 is:" , Size(M11), "\n" );
C:=ConjugacyClasses(M11);
Print( "The numberr of all conjugacyclasses of M11 is:" ,
      Length(C), "\n" );
n2:=0; n3:=0; n4:=0; n5:=0; n6:=0;
n8:=0; n9:=0; n10:=0; n11:=0; n15:=0;
for e in M11 do
 o:=Order(e);
 if o=2 then
  n2:=n2+1;
 elif o=3 then
  n3:=n3+1;
 elif o=4 then
  n4:=n4+1;
 elif o=5 then
  n5:=n5+1;
 elif o=6 then
  n6:=n6+1;
 elif o=8 then
  n8:=n8+1;
 elif o=9 then
  n9:=n9+1;
 elif o=10 then
  n10:=n10+1;
 elif o=11 then
  n11:=n11+1;
 elif o=15 then
  n15:=n15+1;
```

```
 else
  Print(e, "\n Order=" , o, "\n" );
 fi;
od;
Print( "The number of elements of order 2:" , n2, "\n" );
Print( "The number of elements of order 3:" , n3, "\n" );
Print( "The number of elements of order 4:" , n4, "\n" );
Print( "The number of elements of order 5:" , n5, "\n" );
Print( "The number of elements of order 6:" , n6, "\n" );
Print( "The number of elements of order 8:" , n8, "\n" );
Print( "The number of elements of order 9:" , n9, "\n" );
Print( "The number of elements of order 10:" , n10, "\n" );
Print( "The number of elements of order 11:" , n11, "\n" );
Print( "The number of elements of order 15:" , n15, "\n" );
n:=n2+n3+n4+n5+n6+n8+n9+n10+n11+n15;
Print( "The number of all elements of counting:" , n, "\n" );
#
```

程序执行后输出结果如下:

```
The order of M11 is: 7920
The numberr of all conjugacyclasses of M11 is: 10
( )
Order=1
The number of elements of order 2: 165
The number of elements of order 3: 440
The number of elements of order 4: 990
The number of elements of order 5: 1584
The number of elements of order 6: 1320
The number of elements of order 8: 1980
The number of elements of order 9: 0
The number of elements of order 10: 0
The number of elements of order 11: 1440
The number of elements of order 15: 0
The number of all elements of counting: 7919
```

例 6.2.9 计算 Mathieu 单群 M_{12} 的阶以及共轭类个数.

```
#
M12:=MathieuGroup(12);      # 生成M12
Print( "The order of M12 is:" , Size(M12), "\n" );
C:=ConjugacyClasses(M12);
Print( "The numberr of all conjugacyclasses of M12 is:" ,
      Length(C), "\n" );
#
```

程序执行后输出结果如下:

```
The order of M12 is: 95040
The numberr of all conjugacyclasses of M12 is: 15
```

例 6.2.10 计算 Mathieu 单群 M_{24} 的阶以及共轭类个数.

```
#
M24:=MathieuGroup(24);                    # 生成M24
Print( "The order of M24 is:" , Size(M24), "\n" );
C:=ConjugacyClasses(M24);
Print( "The numberr of all conjugacyclasses of M24 is:" ,
      Length(C), "\n" );
#
```

程序执行后输出结果如下:

```
The order of M24 is: 244823040
The numberr of all conjugacyclasses of M24 is: 26
```

第3节 置 换 类

例 6.3.1 求置换 p 对应的 n 阶置换矩阵.

注 置换 p 对应的置换矩阵 $A=(a_{ij})_{n\times n}$ 满足: $a_{ij}=\begin{cases}1, & i^p=j,\\ 0, & i^p\neq j.\end{cases}$

```
#
MatrixPerm:=function(p,n)
local i,j,A,v;
A:=[ ];                      # 用来存放所求的置换矩阵, 现暂为空
for i in [1..n] do           # 逐行计算n阶置换矩阵
 v:=[ ];                     # 用来存放置换矩阵的第i行, 现暂为空
```

```
 for j in [1..n] do        # 逐列计算(i,j)元
  if i^p=j then
   Add(v,1);               # (i,j)元取1
  else
   Add(v,0);               # (i,j)元取0
  fi;
 od;
 Add(A,v);                 # 写入置换矩阵的第i行
od;
return A;                  # 返回所求置换矩阵
end;
#
```

例 6.3.2 求置换矩阵 A 对应的置换.

```
#
PermMatrix:=function(A)
local j,n,v;
n:=Length(A);              # 求置换矩阵A的阶
v:=[ ];                    # 用来存放所求置换对应的表，现暂为空
for j in [1..n] do         # 逐列计算所求置换对应的表的第i元
 v[j]:=Position(A[j],1); # 如果A的(i,j)元为1，则v(j):=i
od;
return PermList(v);        # 返回所求置换
end;
#
```

例 6.3.3 返回一个长为 n 的循环置换.

```
CyclePerm:=function(n)
local P;
if n<2 then
 return(( ));
fi;
P:=[2..n];
Add(P, 1);
return(PermList(B));
end;
```

例 6.3.4 返回 g 共轭作用 G 所产生的置换

```
PermConjugacy:=function(G, g)
local A,B,e,n,i;
A:=Elements(G);
B:=[ ];
for e in A do
 Add(B, Position(A, e^g));
od;
return(PermList(B));
end;
```

例 6.3.5 返回 g 右乘 G 或 $[G:H]$ 所产生的置换.

```
PermRight:=function(arg)
local A,B,G,H,g,e,n,i;
G:=arg[1];
if IsBound(arg[3]) then              # 如果提供有子群
 H:=arg[2];
 g:=arg[3];
 A:=Elements(RightCosets(G, H));
else
 g:=arg[2];
 A:=Elements(G);
fi;
B:=[ ];
for e in A do
 Add(B, Position(A, e*g));
od;
return(PermList(B));
end;
```

第 4 节 图 类

例 6.4.1 试编一函数返回图 (V, E) 的邻接矩阵, 其中顶点集 V 形如 $[1..n]$, 边集 E 的元素是分量取自 V 的 2 维向量 $[i, j]\,(i, j \in V)$.

```
#
```

```
AdjacentMatrix:=function(V, E)
local n,i,j,A;
n:=Length(V);                       # 图的阶
A:=[ ];                             # 用来存放所求的邻接矩阵，现暂为空
for i in [1..n] do
 Add(A,[ ]);                        # 追加第i个暂为空的行向量
 for j in [1..n] do
  if [V[i],V[j]] in E then
   A[i][j]:=1;                      # 顶点i连接顶点j
  else
   A[i][j]:=0;
  fi;
 od;
od;
return A;
end;
#
```

例 6.4.2 已知图 Γ_1 和 Γ_2 的邻接矩阵分别为 A_1, A_2. 试编一函数, 返回并图 $\Gamma := \Gamma_1 \cup \Gamma_2$ 的邻接矩阵 A.

```
MatrixUnion:=function(A1, A2)
local n1,n2,i,j,A,B,C;
n1:=Length(A1);
n2:=Length(A2);
A:=[ ];                      # 用来存放所求的邻接矩阵，现暂为空
B:=[ ];                      # 用来得到A的右上角的零子矩阵，现暂为空
for j in [1..n2] do
 Add(B, 0);                  # B是含n2个0的一行
od;
C:=[ ];                      # 用来得到A的左下角的零子矩阵，现暂为空
for i in [1..n1] do
 Add(A, [ ]);                # A的第i行，现暂为空
 Append(A[i], A1[i]);        # 给A的第i行先填入A_1的第i行
 Append(A[i], B);            # 给A的第i行再填入n2个0
 Add(C, 0);                  # C是含n1个0的一行
```

```
od;
for j in [1..n2] do
 Add(A, [ ]);                # A的第n1+j行, 现暂为空
 Append(A[n1+j], C);         # 给A的第n1+j行先填入n1个0
 Append(A[n1+j], A2[j]);     # 给A的第n1+j行再填入A2的第j行
od;
return A;
end;
```

例 6.4.3 试编一函数返回 Cayley图 Cay(G, S) 的邻接矩阵.

```
#
MatrixCayleyGraph:=function(G, S)
local n,i,j,A,B;
n:=Size(G);                  # 图的阶
B:=AsSet(G);
A:=[ ];                      # 用来存放所求的邻接矩阵,现暂为空
for i in [1..n] do
 Add(A,[ ]);                 # 追加第i个暂为空的行向量
 for j in [1..n] do
  if B[j]/B[i] in S then
   A[i][j]:=1;               # 顶点i连接顶点j
  else
   A[i][j]:=0;
  fi;
 od;
od;
return A;
end;
#
```

例 6.4.4 试编一函数返回 Sabidussi 陪集图 Sab(G, H, D) 的邻接矩阵.

注 D 只列举双陪集的代表元.

```
#
MatrixCosetGraph:=function(G, H, D)
local n,i,j,A,B,C;
n:=Index(G, H);              # 陪集图的阶
```

```
C:=[ ];                    # 存放代表元属于D的双陪集图的并, 暂空
for i in D do
 Append(C, Set(DoubleCoset(H, i, H)));
od;
B:=Set(RightCosets(G, H), Representative); # 右陪集的代表元
A:=[ ];                    # 用来存放所求的邻接矩阵, 现暂为空
for i in [1..n] do
 Add(A,[ ]);               # 追加第i个暂为空的行向量
 for j in [1..n] do
  if B[j]/B[i] in C then
   A[i][j]:=1;             # 顶点i连接顶点j
  else
   A[i][j]:=0;
  fi;
 od;
od;
return A;
end;
#
```

例 6.4.5 试编一函数返回有限非交换单群的连通3度弧传递Cayley图的一个Cayley生成子集.

注 本例假设所给的有限非交换单群可由 2, 3 阶元生成.

```
#
Get_Arc_Trans_Cubic:=function(G)
local a,b,A,B;
A:=Set(ConjugacyClasses(G), Representative);   # 取G的共轭类代表元
A:=Filtered(A,x->Order(x)=3);                  # 取A的全体3阶元
B:=Filtered(G, x->Order(x)=2);                 # 取G的全体2阶元
for a in A do
 for b in B do
  if Group(a, b)=G then                        # ⟨a,b⟩ = G
   return [b, b^a, b^(a^2)];
  fi;
 od;
```

```
od;
return [ ];                          # G不能由2,3阶元生成，则返回空集
end;
#
```

注 分别用单群 $\boldsymbol{A}_5$ 和 $\boldsymbol{A}_6$ 调用上述函数的显示如下:

```
gap> A5:=AlternatingGroup(5);
Alt([1 .. 5])
gap> Get_Arc_Trans_Cubic(A5);
[(1,3)(2,5), (1,4)(3,5), (1,2)(4,5)]
gap> A6:=AlternatingGroup(6);
Alt([1 .. 6])
gap> Get_Arc_Trans_Cubic(A6);
[ ]
```

例 6.4.6 试编一函数, 对给定群 G 及其子群 H 和正整数 k, 构造连通 k 度 G 弧传递 Sabidussi 陪集图 $\mathrm{Sab}(G,\ H,\ D)$. 并返回单个双陪集 D 的代表元集 $[d]$. 如果不存在这样的图, 则返回空集.

```
#
Get_Arc_Trans_Coset:=function(k, G, H)
local B,d;
B:=GeneratorsOfGroup(H);
for d in G do
 if Size(DoubleCoset(H,d,H))=k*Size(H) and Subgroup(G, Union(B,
   [d]))=G then
  return [d];
 fi;
od;
return [ ];
end;
#
```

注 构造非交换单群 $G := \mathbf{A}_5$ 关于其子群 $H := \mathbb{Z}_3$ 的连通 3 度 G 弧传递陪集图 $\mathrm{Sab}(G,\ H,\ D)$:

```
gap> G:=AlternatingGroup(5);;
```

```
gap> H:=Subgroup(G, [(1,2,3)]);;
gap> D:=Get_Arc_Trans_Coset(3, G, H);
[(1,5,4,3,2)]
Print(MatrixCosetGraph(G, H, D), "\n" ); # 输出邻接矩阵, 参见
                                                例 6.4.4.
```

第7章

CHAPTER 7

To Nauty

本章介绍 **GAP** 在 **nauty** 中的一些应用.

“**nauty**”意指“no automorphisms, yes?”它主要用于决定点着色图 Γ 的自同构群 $\mathrm{Aut}(\Gamma)$, 包括 $\mathrm{Aut}(\Gamma)$ 的生成元、阶, 以及作用在 $V(\Gamma)$ 上的轨道, 等等.

类似于 **GAP**, **nauty** 也经历了多个发展阶段并也具有多个版本和不同的运行环境. 由于后期的 **nauty** 版本需要借助**UNIX** 操作系统才能运行, 而相当一部分读者并不熟悉**UNIX** 操作系统, 所以本书只介绍可用于 DOS 操作系统的早期 **nauty** 版本 (1988 年 1.4 版, 可计算 512 个顶点以下的图), 并着重介绍如何运用 **nauty** 来决定图的自同构群.

第 1 节　安装与运行

一、 1.4 版本的 nauty 软件系统

其实只是一个编译好的可执行文件: dr.exe, 可直接拷贝到个人电脑的某个文件夹下, 比如“D:\nauty1.4”(这个文件夹也不宜用汉字命名).

二、 启动 nauty

同启动 **GAP** 一样, 先打开 DOS 命令窗 (当前文件夹应是你的 **GAP** 工作文件夹), 然后输入如下命令即可启动 **nauty**:

⟨**nauty** 软件系统所在的文件夹⟩\dr

比如:

D:\nauty1.4\dr

用户也可以在当前文件夹建立一个扩展名为 *.bat 的批处理文件并写入上述命令. 今后只需运行这个批处理文件即可启动 **nauty** .

注 (1) 如果在启动 **nauty** 的命令之后加上参数 "⟨⟨文件名⟩", 则启动后将读入这个文件.

(2) **nauty** 命令或语句按行书写, 命令行的提示符是: >

(3) **nauty** 命令的字母严格区分大小写.

(4) **nauty** 的每个命令 (通常是单个字母) 不加结尾符号.

(5) **nauty** 也有注释, 并以感叹号 "！" 引导, 即感叹号 "！" 之后的文字为注释. **nauty** 不会执行注释部分.

三、 退出 nauty

(1) 在 **nauty** 命令行输入以下命令即可退出 **nauty** : >q

(2) **按组合键**: "Ctrl+C" 可立即退出 **nauty** .

第 2 节 常 用 命 令

- **帮助**

>h

- **读入一个 nauty 文件**

><⟨文件名⟩

注 **nauty** 文件必须是文本文件格式! 内容必须是以行为单位的 **nauty** 命令.

- **决定图的阶**

>n=⟨正整数⟩

- **输入的图是有向的**

>d

- **输入一个图**

>g

注 (1) 在输入一个图之前, 必须先决定其阶. 如果是**有向图**, 还必须先用字母 "d" 说明. 未用字母 "d" 说明的图默认是无向图.

(2) **nauty** 的 n 阶图以 0, 1, 2, $\cdots$, $n-1$ 表示其顶点. 执行命令 g 后, **nauty** 会依次给出这 n 个顶点, 一开始的格式如下:

>g

0 :

用户须在同一行输入与该顶点连接的各顶点, 各顶点之间要用空格分隔, 并以分号 “;” 结束该行. 输完 n 行后, **nauty** 会自动退出 g 命令. 如果不等输完 n 行就想提前结束 g 命令, 可用句点 “.” 代替分号.

- **编辑一个图**

>e

- **输出一个图**

>t

- **输出图自同构群**

>x

注 输出结果包括图自同构群的生成元 (置换形式)、阶以及轨道数.

- **输出各顶点的度数**

>v

- **输出各轨道**

>o

注 上述输出命令如果带上参数 “>⟨文件名⟩” 或 “>>⟨文件名⟩”, 则结果将输出到指定文件 (后者是追加方式, 不会覆盖该文件).

例 7.2.1 求 $\mathrm{Aut}\,(C_6)$.

```
> n=6                    ! 取图的阶为6
> g                      ! 输入一个无向图
0 : 1;
1 : 2;
2 : 3;
3 : 4;
4 : 5;
5 : 0;
> t                      ! 输出这个无向图
```

```
0 : 1 5;                ! 由于是无向图, 所以0也与5相连(下同)
1 : 0 2;
2 : 1 3;
3 : 2 4;
4 : 3 5;
5 : 0 4;
> x                     ! 输出这个无向图的自同构群
(1 5)(2 4)
level 2: 4 orbits; 1 fixed; index 2
(0 1)(2 5)(3 4)
level 1: 1 orbit; 0 fixed; index 6
1 orbit; grpsize=12; 2 gens; 6 nodes; maxlev=3
tctotal=10; cpu time = 0.00 seconds
```

注 例 7.2.1 中, $\mathrm{Aut}\,(C_6)$ 被表示成 $\{0, 1, 2, \cdots, 5\}$ 上的置换群, 生成元为 $(1, 5)\,(2, 4)$ 和 $(0, 1)\,(2, 5)\,(3, 4)$, 阶 grpsize=12.

计算 $\mathrm{Aut}\,(C_6)$ 所用的时间 cpu time = 0.00 seconds.

第 3 节　实　　例

由于 **nauty** 并不直接支持代数结构的运算, 所以用户可先通过 **GAP** 编程来获得图的有关信息 (比如邻接关系), 并生成可供 **nauty** 执行的文件, 然后进入 **nauty** 完成最终的计算, 这即是 **GAP** 在 **nauty** 中的应用. 以下介绍几个实例.

例 7.3.1 试编一函数将图的邻接矩阵 A 转换为 nauty 格式的邻接关系, 并生成可直接供 nauty 执行的文件.

```
#
NautyMatrix:=function(A, filename)
local i,j,n,S;
n:=Length(A);                  # 邻接矩阵, 也即图的阶
PrintTo(filename, "n=" ,n, "\nd\ng\n" );  # 创建指定文件并写入一些
                                            字符
S:=[ ];              # 用来存放表示nauty格式邻接关系的文字, 现暂为空
for i in [1..n] do # 逐行写入邻接关系
 Append(S,[i-1, ":" ]);      # 写入第i-1个顶点
 for j in [1..n] do
```

```
  if A[i][j]=1 then             # 与第i-1个顶点相连的顶点
   Append(S,[j-1, “\” ]);       # 写入该顶点并用空格分隔
  fi;
 od;
 S[Length(S)]:= “;” ;          # 结束一行要换分号结尾
 Add(S, “\n” );                # 再加上换行符
od;
S[Length(S)-1]:= “.” ;         # 写完第n行要换句点结尾
for i in S do
 Print(i);                     # 将所得到的文字S输出到屏幕
 AppendTo(filename,i);         # 将所得到的文字S写入指定文件
od;
AppendTo (filename, “t\nx\n>” , filename, “.1\nt>>” , filename,
          “.1\nx>>” , filename, “.1\n” );
end;
#
```

注 上例生成的文件可直接供 **nauty** 执行.

例 7.3.2 利用 **nauty** 求 Cayley 图 $\Gamma := \mathrm{Cay}\,(\boldsymbol{S}_3,\ [(1,2),(2,3),(3,1)])$ 的自同构群 $\mathrm{Aut}\,(\Gamma)$.

```
gap> G:=SymmetricGroup(3);; S:=[(1,2), (2,3), (3,1)];;
gap> A:=MatrixCayleyGraph(G, S);;        # 参见例 6.4.3
gap> NautyMatrix(A, “n110729” );         # 参见例 7.3.1
```

注 例 7.3.2 生成的文件 “n110729” 被 **nauty** 执行后, 将生成文件 “n110729.1”, 内容包括 $\mathrm{Aut}\,(\Gamma)$ 的生成元、阶以及作用在 $V\,(\Gamma)$ 上的轨道.

例 7.3.3 利用 **nauty** 求 Sabidussi 陪集图 $\Gamma := \mathrm{Sab}\,(\mathbf{S}_4,\ \mathbb{Z}_3,\ \mathbb{Z}_3(1,2)\,(3,4)\mathbb{Z}_3)$ 的自同构群 $\mathrm{Aut}\,(\Gamma)$.

```
gap> G:=SymmetricGroup(4);;
gap> H:=Subgroup(G, [(1,2,3)]);;
gap> D:=[(1,2)(3,4)];;
gap> A:=MatrixCosetGraph(G, H, D);;      # 参见例 6.4.4
gap> NautyMatrix(A, “n110730” );         # 参见例 7.3.1
```

注 例 7.3.3 生成的文件 “n110730” 被 **nauty** 执行后, 将生成文件 “n110730.1”, 内容包括 $\mathrm{Aut}\,(\Gamma)$ 的生成元、阶以及作用在 $V\,(\Gamma)$ 上的轨道.

例 7.3.4 试编一函数按 nauty 格式生成 $4\times n$ 阶连通 3 度非弧传递点传递图 (基本圈长 $=4$) 邻接关系.

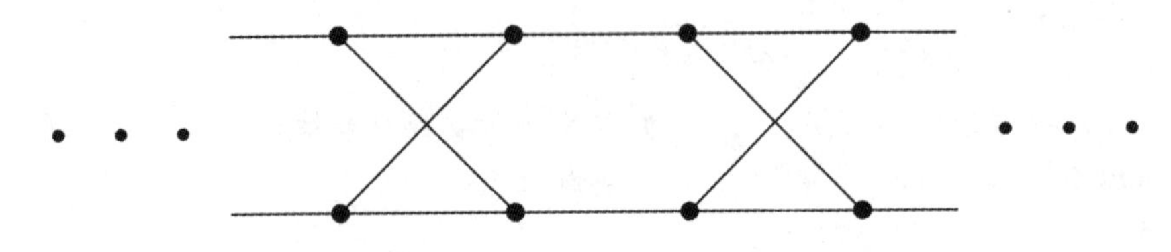

```
To_cubic:=function(n, filename)
local B,i,j,k;
B:=[ ];
for i in [0..n-1] do
 for j in [0..3] do
  k:=4*i+j;
  Append(B, [k, “:” ]);
  if j<2 then
   Append(B, [(k-2) mod (4*n), “ ” , k-j+2, “ ” , k-j+3, “;\n” ]);
  else
   Append(B, [k-j, “ ” , (k-j+1) mod (4*n), “ ” , (k+2) mod (4*n),
          “;\n” ]);
  fi;
 od;
od;
B[Length(B)]:= “.” ;
for i in B do
 Print(i);
od;
Print( “\n\n” );
PrintTo(filename, “n=” , 4*n, “\nd\ng\n” );   # Create the file
for i in B do
 AppendTo(filename, i);
od;
AppendTo(filename, “\n!t\nx\n>” , filename, “.1\n!t>>” , File,
          “.1\nx>>” , File, “.1\n” );
end;
```

注 例 7.3.4 生成的文件可直接供 **nauty** 执行.

第 4 节 有关 nauty 的 GAP 自定义函数

作者开发了几个有关 **nauty** 的 **GAP** 自定义函数, 具体介绍如下:

- NautyCayleyGraph(G, S, "⟨文件名⟩"); # 无返回值

将 Cayley 图 $\Gamma := \mathrm{Cay}(G, S)$ 的邻接关系输出到指定文件. 此文件用 **nauty** 执行后, 产生扩展名为 "$*.1$" 的同名文件, 内容包括 $\mathrm{Aut}(\Gamma)$ 的生成元、阶以及作用在 $V(\Gamma)$ 上的轨道.

- NautyBCayleyGraph(G, S, "⟨文件名⟩"); # 无返回值

调用本函数可将双 Cayley 图 $\Gamma := \mathrm{BCay}(G, S)$ 的邻接关系输出到指定文件. 此文件用 **nauty** 执行后, 产生扩展名为 "$*.1$" 的同名文件, 内容包括 $\mathrm{Aut}(\Gamma)$ 的生成元、阶以及作用在 $V(\Gamma)$ 上的轨道.

- NautyCosetGraph(G, H, D, "⟨文件名⟩"); # 无返回值

调用本函数可将 Sabidussi 陪集图 $\Gamma := \mathrm{Sab}(G, H, D)$ 的邻接关系输出到指定文件. 此文件用 **nauty** 执行后, 产生扩展名为 "$*.1$" 的同名文件, 内容包括 $\mathrm{Aut}(\Gamma)$ 的生成元、阶以及作用在 $V(\Gamma)$ 上的轨道.

注 D 只列举双陪集的代表元.

例 7.4.1 求 $\boldsymbol{A}_5$ 关于其 Sylow 5 子群的一个弧传递陪集图的自同构群.

```
gap> G:=AlternatingGroup(5);;
gap> H:=SylowSubgroup(G, 5);;
gap> d:=(1,2)(3,4);;
gap> D:=[d];;
gap> NautyCosetGraph(G, H, D, "n110731" );
```

退出**GAP** 后仍在DOS命令窗输入如下命令:

```
D:\nauty1.4\dr <n110731
```

然后打开文件 n110731.1, 内容如下:

```
0 : 3 5 7 9 10;
1 : 3 4 6 7 11;
2 : 5 6 8 9 11;
3 : 0 1 6 7 9;
```

```
4 : 1 7 8 10 11;
5 : 0 2 8 9 10;
6 : 1 2 3 9 11;
7 : 0 1 3 4 10;
8 : 2 4 5 10 11;
9 : 0 2 3 5 6;
10 : 0 4 5 7 8;
11 : 1 2 4 6 8;
(1 6)(2 4)(5 10)(7 9)
level 3: 8 orbits; 7 fixed; index 2
(1 2 4 6 8)(3 5 7 9 10)
level 2: 4 orbits; 3 fixed; index 5
(0 1 9 7 6)(2 10 11 5 4)
level 1: 1 orbit; 0 fixed; index 12
1 orbit; grpsize=120; 3 gens; 10 nodes; maxlev=4
tctotal=28; cpu time = 0.00 seconds
```

由此知|Aut(Sab(G, H, d))|=120.

- IsIsomorphicOfCayleyGraphs $(G, S, T,$ "⟨文件名⟩"); # 无返回值

调用本函数可将两个 Cayley 图的并 $\Gamma := \mathrm{Cay}\,(G,S) \cup \mathrm{Cay}\,(G,T)$ 的邻接关系输出到指定文件. 此文件用 **nauty** 执行后, 产生扩展名为 "$*.1$" 的同名文件. 用户可根据 $\mathrm{Aut}\,(\Gamma)$ 的传递性来判断这两个 Cayley图是否同构.

例 7.4.2 gap> a:=(1,2,3,4,5,6);;

```
gap> G:=Group(a);;
gap> S:=[a, a^-1];;
gap> T:=[a^2, a^4];;
gap> IsIsomorphicOfCayleyGraphs(G, S, T, "n110801");
```

退出 **GAP** 后仍在 DOS 命令窗输入如下命令:

D : \nauty1.4\dr < n110801

然后打开文件 n110801.1, 内容如下:

```
0 : 1 5;
1 : 0 2;
2 : 1 3;
3 : 2 4;
```

```
4 : 3 5;
5 : 0 4;
6 : 8 10;
7 : 9 11;
8 : 6 10;
9 : 7 11;
10 : 6 8;
11 : 7 9;
(9 11)
level 6: 11 orbits; 9 fixed; index 2
(7 9)
level 5: 10 orbits; 7 fixed; index 3
(8 10)
level 4: 9 orbits; 8 fixed; index 2
(6 7)(8 9)(10 11)
level 3: 7 orbits; 6 fixed; index 6
(1 5)(2 4)
level 2: 5 orbits; 1 fixed; index 2
(0 1)(2 5)(3 4)
level 1: 1 cell; 2 orbits; 0 fixed; index 6/12
2 orbits; grpsize=864; 6 gens; 29 nodes (1 bad leaf); maxlev=7
tctotal=69; cpu time = 0.00 seconds
由于出现了2个轨道，所以所给的两个Cayley图Cay(G, S)与Cay(G, T)不同构!
```

- IsIsomorphicOfBCayleyGraphs(G, S, T, "⟨文件名⟩"); # 无返回值

调用本函数可将两个双 Cayley 图的并 $\Gamma := \mathrm{BCay}(G, S) \cup \mathrm{BCay}(G, T)$ 的邻接关系输出到指定文件. 此文件用 **nauty** 执行后, 产生扩展名为 "$*.1$" 的同名文件. 用户可根据 $\mathrm{Aut}(\Gamma)$ 的传递性来判断这两个双 Cayley图是否同构.

- IsIsomorphicOfCosetGraphs(G, H, D, $D1$, "⟨文件名⟩"); # 无返回值

调用本函数可将两个陪集图的并 $\Gamma := \mathrm{Sab}(G, H, D) \cup \mathrm{Sab}(G, H, D1)$ 的邻接关系输出到指定文件. 此文件用 **nauty** 执行后, 产生扩展名为 "$*.1$" 的同名文件. 用户可根据 $\mathrm{Aut}(\Gamma)$ 的传递性来判断这两个陪集图是否同构.

注 上述自定义函数均可从作者建的函数库 XuSJ.g 调用, 读者若需要可直接与作者邮件联系 (634773996@qq.com).

名词索引